文章題のたからさがし
たからばこ！
1
2
3
4
5
6
7
8
9
10 がんばったね
11
12
13
14
15
16
17
18
19
20 がんばったね
21
22
23
24
25
26
27
28
29
30 がんばったね
31
32
33
34
35
36
37
38
39
40 がんばったね
41
42
43
44
45
46
47
48
49
50 がんばったね
51
52
53
54
55
56
57
58
59
60 がんばったね
61
62
63
64
65
66
67
68
69
70 がんばったね
71
72
73
74
75
76
77
78
79
80 がんばったね
81
82
83
84
85
86
87
88
89
90 がんばったね
91
92
93
94
95

このドリルの特長と使い方

このドリルは,「文章から式を立てる力を養う」ことを目的としたドリルです。単元ごとに「理解するページ」と「くりかえし練習するページ」をもうけて,段階的に問題の解き方を学ぶことができます。

① 

式の立て方を理解するページです。式の立て方のヒントが載っていますので,これにそって問題の解き方を学習しましょう。
ヒントは段階的になっていますので,無理なくレベルアップできます。

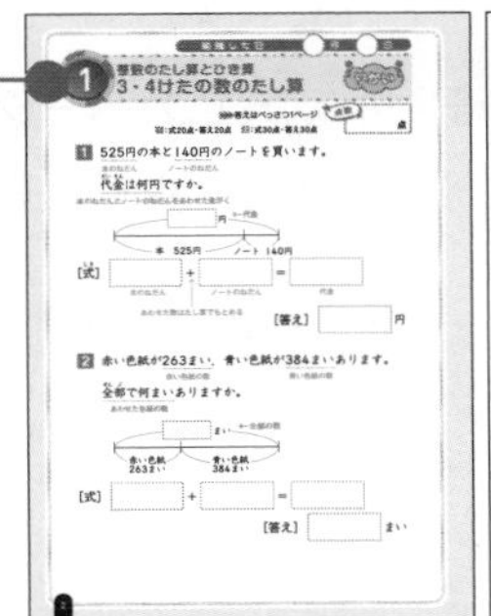

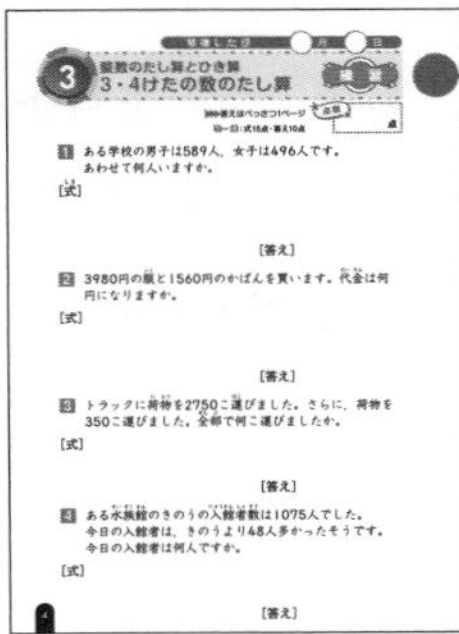

② 

「理解」で学習したことを身につけるために,くりかえし練習するページです。
「理解」で学習したことを思い出しながら問題を解いていきましょう。

③ チャレンジ

間違えやすい問題は,別に単元を設けています。こちらも「理解」→「練習」と段階をふんでいますので,重点的に学習することができます。

もくじ

編集協力/有限会社　マイプラン　校正/㈱東京出版サービスセンター　装丁デザイン/株式会社しろいろ
シールイラスト/北田哲也　装丁イラスト/林ユミ　本文デザイン/大滝奈緒子(ブラン・グラフ)　本文イラスト/西村博子

整数のたし算とひき算
3・4けたの数のたし算

▶▶▶答えはべっさつ1ページ

1：式20点・答え20点　2：式30点・答え30点

1 525円の本と140円のノートを買います。
本のねだん　ノートのねだん
代金(だいきん)は何円ですか。
本のねだんとノートのねだんをあわせた金がく

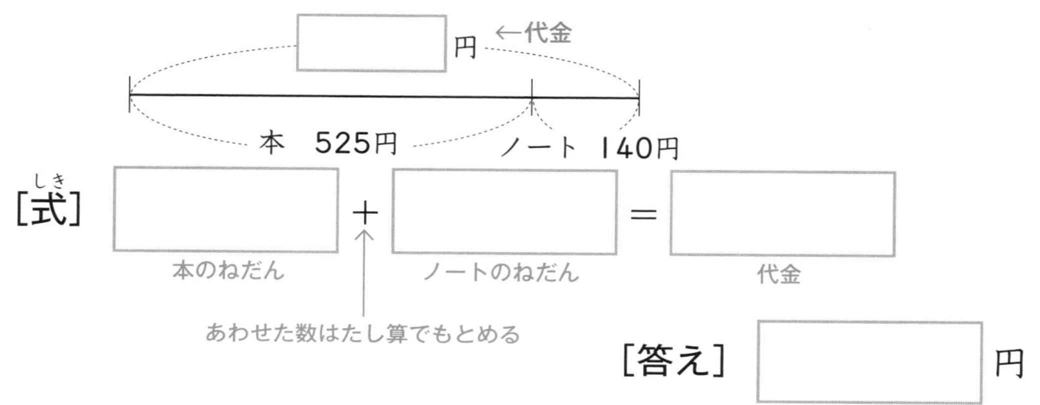

2 赤い色紙が263まい，青い色紙が384まいあります。
赤い色紙の数　青い色紙の数
全部(ぜんぶ)で何まいありますか。
あわせた色紙の数

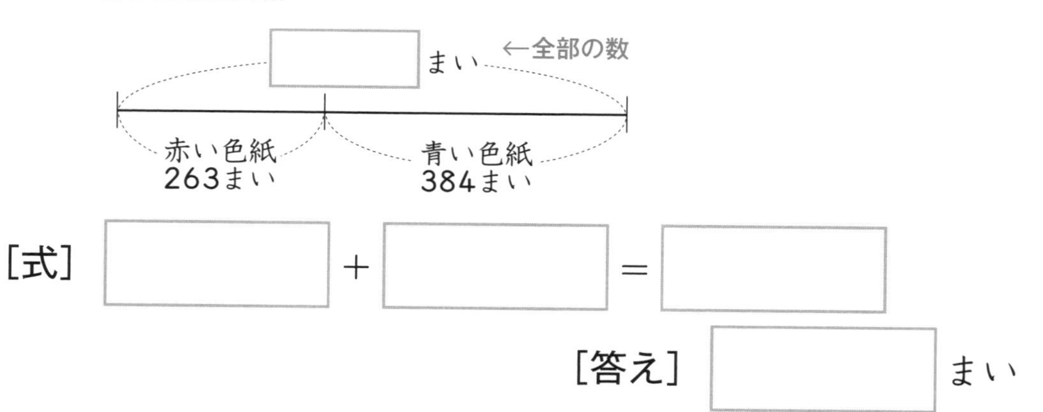

整数のたし算とひき算
3・4けたの数のたし算

りかい

▶▶▶答えはべっさつ1ページ

点

1：式10点・答え10点　2，3：式20点・答え20点

1 みゆきさんはシールを196まい持(も)っています。（はじめの数）

お姉さんから28まいもらいました。（もらった数）みゆきさんのシールは全部(ぜんぶ)で何まいになりましたか。（はじめの数ともらった数をあわせた数）

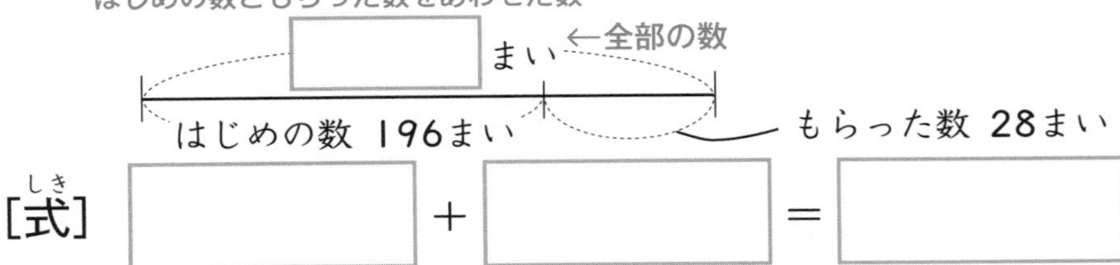

[式(しき)] ＿＿ ＋ ＿＿ ＝ ＿＿

[答え] ＿＿ まい

2 75円のパンと130円のジュースを買います。（パンのねだん）（ジュースのねだん）

代金(だいきん)は何円になりますか。（2つのねだんをあわせた金がく）

[式] ＿＿ ＋ ＿＿ ＝ ＿＿

[答え] ＿＿ 円

3 たけしさんは858円ちょ金していました。（はじめの金がく）今日，さらに142円ちょ金しました。（ふえた分）たけしさんのちょ金は，全部で何円になりましたか。（はじめの金がくにふえた分をあわせた金がく）

[式] ＿＿ ＋ ＿＿ ＝ ＿＿

[答え] ＿＿ 円

勉強した日　　月　　日

3 整数のたし算とひき算
3・4けたの数のたし算

▶▶▶答えはべっさつ1ページ

点数　　点

1～4：式15点・答え10点

1 ある学校の男子は589人，女子は496人です。
あわせて何人いますか。

[式(しき)]

[答え]

2 3980円の服(ふく)と1560円のかばんを買います。代金(だいきん)は何円になりますか。

[式]

[答え]

3 トラックに荷物(にもつ)を2750こ運(はこ)びました。さらに，荷物を350こ運びました。全部(ぜんぶ)で何こ運びましたか。

[式]

[答え]

4 ある水族館(すいぞくかん)のきのうの入館者数(にゅうかんしゃすう)は1075人でした。
今日の入館者は，きのうより48人多かったそうです。
今日の入館者は何人ですか。

[式]

[答え]

整数のたし算とひき算
3・4けたの数のひき算

▶▶▶答えはべっさつ1ページ

1：式20点・答え20点　2：式30点・答え30点

1 色紙を254まい持(も)っています。
（はじめの数）

132まい使(つか)うと，何まいのこりますか。
（使った数）（のこりの数）

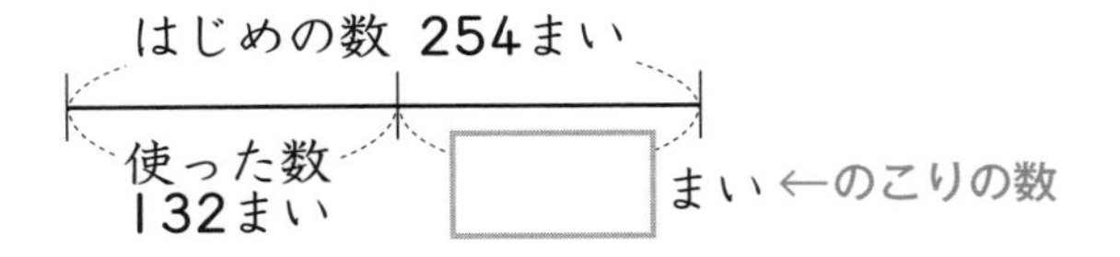

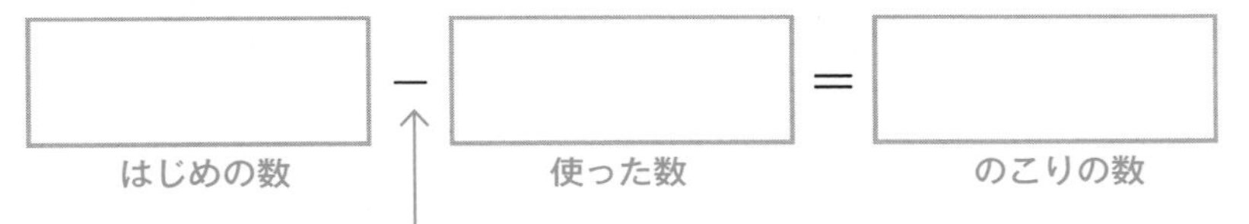

[答え]　　　　まい

2 ケーキは380円です。プリンは145円です。
（ケーキのねだん）（プリンのねだん）

ちがいは何円ですか。
（高いほうのねだんから安(やす)いほうのねだんをひいた金がく）

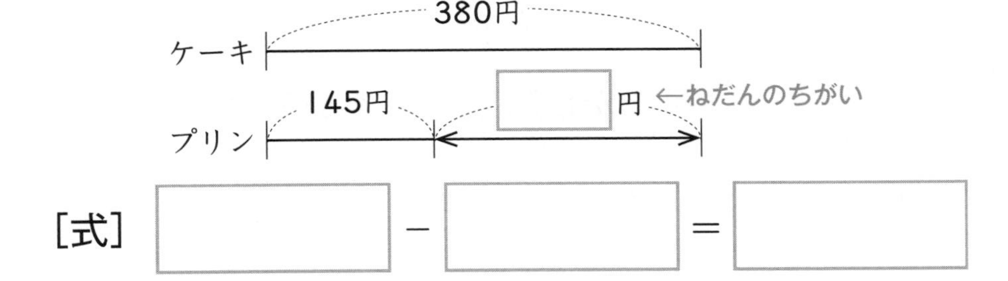

[答え]　　円

勉強した日　月　日

5 整数のたし算とひき算 3・4けたの数のひき算

▶▶▶答えはべっさつ2ページ

点

1：式10点・答え10点　2，3：式20点・答え20点

1 赤い花が318本あります。黄色い花は，赤い花より25本少ないです。黄色い花は何本ありますか。

（318本：赤い花の数　25本少ない：少ない分の数　黄色い花は何本：少ないほうの数）

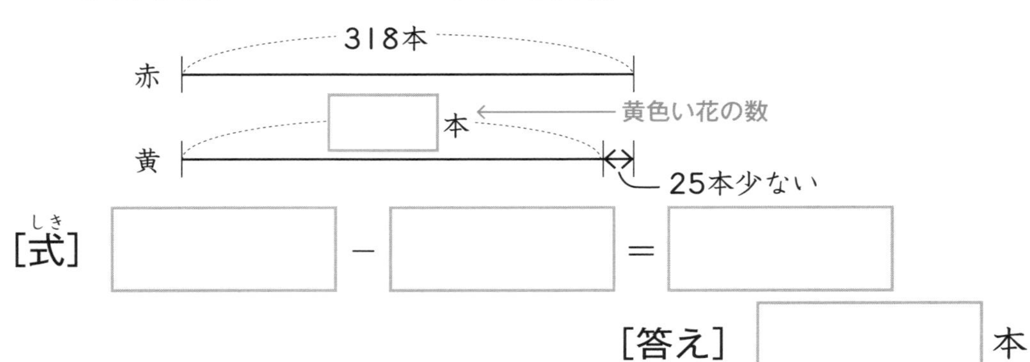

[式(しき)] □ － □ ＝ □

[答え] □ 本

2 525円の筆箱(ふでばこ)を買います。1000円を出すと，おつりは何円ですか。

（525円：筆箱のねだん　1000円：出した金がく　何円：のこりの金がく）

[式] □ － □ ＝ □

[答え] □ 円

3 ある町の小学生は，男子が879人，女子が908人います。どちらが何人多いですか。

（879人：男子の人数　908人：女子の人数　どちらが：多いほう　何人多い：人数のちがい）

[式] □ － □ ＝ □

[答え] □ が □ 人多い

6 整数のたし算とひき算 3・4けたの数のひき算

▶▶▶答えはべっさつ2ページ

1～4：式15点・答え10点

1 320ページある本を読んでいます。これまでに94ページ読みました。あと何ページのこっていますか。

[式]

[答え]

2 まさおさんの学校には，じ童が全部で860人います。そのうち男子は436人です。女子は何人いますか。

[式]

[答え]

3 ある公園には，うめの木が1045本，さくらの木が1620本あるそうです。どちらが何本多いですか。

[式]

[答え]

4 いつもは4800円で売られている米が，今日はいつもより450円安く売られています。今日の米のねだんは何円ですか。

[式]

[答え]

勉強した日　月　日

7 整数のたし算とひき算
3・4けたの数のたし算とひき算

▶▶▶答えはべっさつ2ページ

点数　点

1①②：式25点・答え25点

1 あやかさんは，500円を持って買い物に行きました。（持っているお金）

90円のえん筆と150円のノートを買います。（えん筆のねだん）（ノートのねだん）

① 買い物の代金は何円ですか。（あわせた金がく）

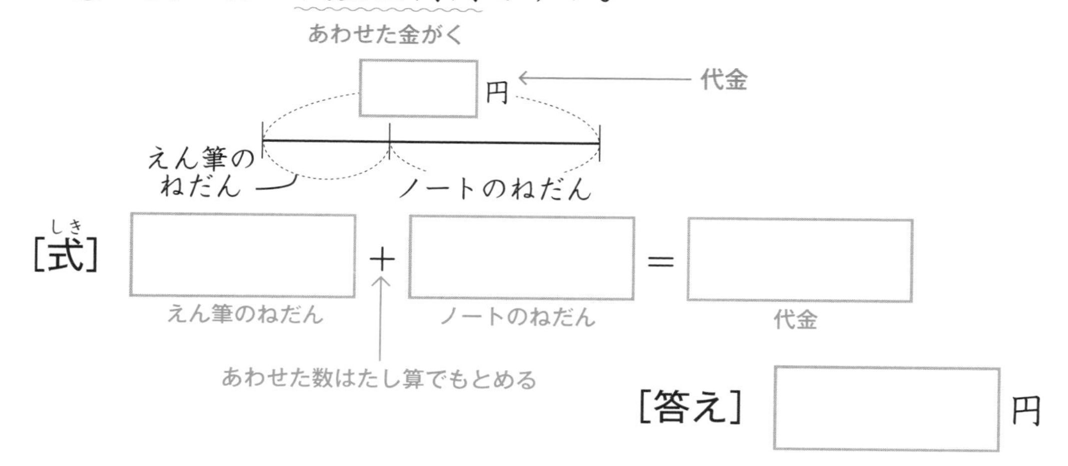

[答え]　円

② おつりは何円になりますか。（のこりのお金）

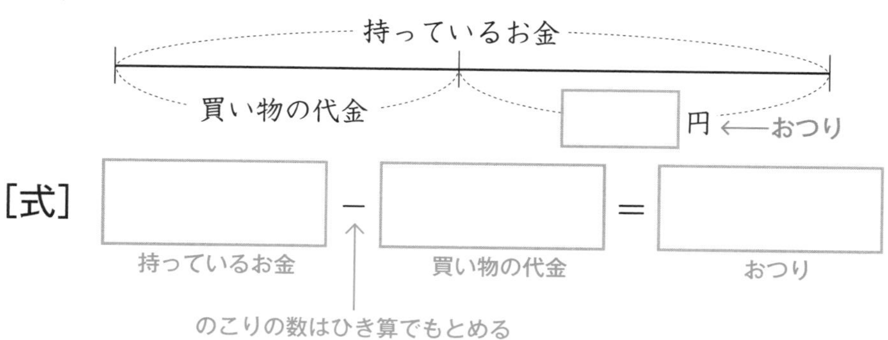

[答え]　円

勉強した日　月　日

8 整数のたし算とひき算 3・4けたの数のたし算とひき算

▶▶▶答えはべっさつ2ページ

点数　点

1①：式10点・答え10点　②③：式20点・答え20点

1 あきこさんは950円，お姉さんは1800円のちょ金があります。

あきこさんのちょ金　お姉さんのちょ金

① どちらのちょ金が何円多いですか。

ちがい

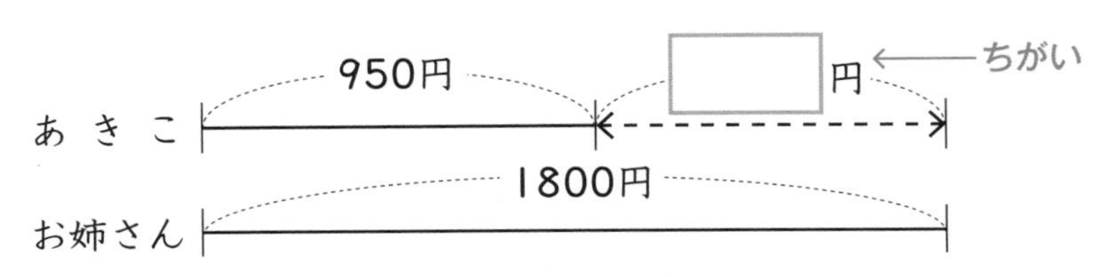

[式(しき)]　□ − □ ＝ □

[答え]　□ が □ 円多い

② 2人のちょ金をあわせると何円になりますか。

あわせた金がく

[式]　□ ＋ □ ＝ □

[答え]　□ 円

③ 2人のちょ金をあわせて3000円のプレゼントを買おうと思います。あと何円ちょ金すればよいですか。

②の答え　プレゼントのねだん

プレゼントのねだんと②の答えとのちがい

[式]　□ − □ ＝ □

[答え]　□ 円

整数のたし算とひき算
3・4けたの数のたし算とひき算

▶▶▶答えはべっさつ3ページ

点数　　点

1①②，2①②：式15点・答え10点

1 色紙が360まいあります。そのうち，ゆうこさんが120まい，妹が90まい使(つか)います。

① ゆうこさんと妹で，あわせて何まい使いますか。

[式(しき)]

[答え]

② 色紙は何まいのこりますか。

[式]

[答え]

2 どんぐり拾(ひろ)いをしました。まことさんは165こ拾いました。ひろしさんは，まことさんより45こ多く拾いました。

① ひろしさんは何こ拾いましたか。

[式]

[答え]

② 2人あわせて何こ拾いましたか。

[式]

[答え]

勉強した日　　月　　日

10 整数のたし算とひき算のまとめ
うまく出られるかな？

▶▶▶ 答えはべっさつ3ページ

問題を読んで，どんな計算をしたらよいか考えて，
正しい式が書かれている道へ進んでいこう！
正しい道じゅんで，正しい出口にたどりつけるかな？

入口

220人と130人をあわせると何人？ ↓ 220＋130 → 220－130	400円と350円のちがいは何円？ ↓ 400＋350 → 400－350	150円のノートを買って，200円出すとおつりは何円？ ↙ 200＋150 ↓ 200－150
500円から260円使うとのこりは何円？ ↓ 500＋260 → 500－260	390人から20人ふえると何人になる？ ↑ 390＋20 ↓ 390－20	680ページの本を150ページ読むとのこりは何ページ？ ← 680＋150 ↓ 680－150
400まいは230まいより何まい多い？ → 400＋230 ↓ 400－230	810人と190人あわせると全部で何人？ ← 810＋190 ↓ 810－190	230人より70人多いのは何人？ ← 230＋70 ↓ 230－70

11 整数のかけ算 0のかけ算

▶▶▶答えはべっさつ3ページ

1①：式10点・答え10点　②③：式20点・答え20点

1 右の図は，けんたさんがまとあてを10回したときのものです。

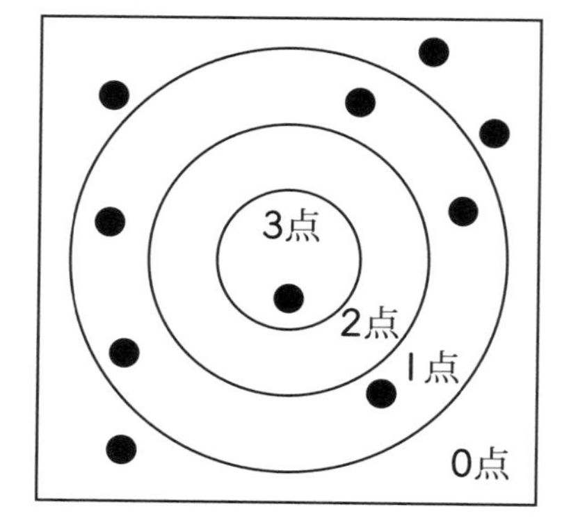

① 2点のところのとく点は何点ですか。

2点のところに入ったのは0回

[式（しき）]  ×  = 

まとの点数　入った回数　とく点

まとの点数のいくつ分の数をもとめるのでかけ算をする

[答え] □ 点

② 0点のところのとく点は何点ですか。

0点のところに入ったのは4回

[式] □ × □ = □

[答え] □ 点

③ けんたさんの10回のとく点の合計は何点ですか。

3点のところのとく点＋2点のところのとく点＋1点のところのとく点＋0点のところのとく点

[式] □ × □ = □

□ × □ = □

 ＋ □ ＋ □ ＋ □ = □

[答え]  点

12 整数のかけ算 0のかけ算

▶▶▶答えはべっさつ4ページ

点数　　点

1①〜③, 2：式15点・答え10点

1 ゆかさんがわ投(な)げを12回しました。5点のところに2こ，3点のところに0こ，1点のところに6こ，0点のところに4こ入りました。

① 3点のところのとく点は何点ですか。

[式(しき)]

[答え]

② 0点のところのとく点は何点ですか。

[式]

[答え]

③ ゆかさんの12回のとく点の合計は何点ですか。

[式]

[答え]

2 さとしさんたちは，次(つぎ)のようなルールでじゃんけんゲームをしました。

ルール・勝(か)ったら3点，負(ま)けたら0点，あいこは1点

さとしさんは，10回じゃんけんをして，6回勝って，4回負け，あいこはありませんでした。さとしさんのとく点は何点ですか。

[式]

[答え]

勉強した日  月  日

13 整数のかけ算 何十，何百のかけ算

▶▶▶答えはべっさつ4ページ

1：式10点・答え10点　2，3：式20点・答え20点

1 1こ20円のあめを4こ買います。代金(だいきん)は何円ですか。

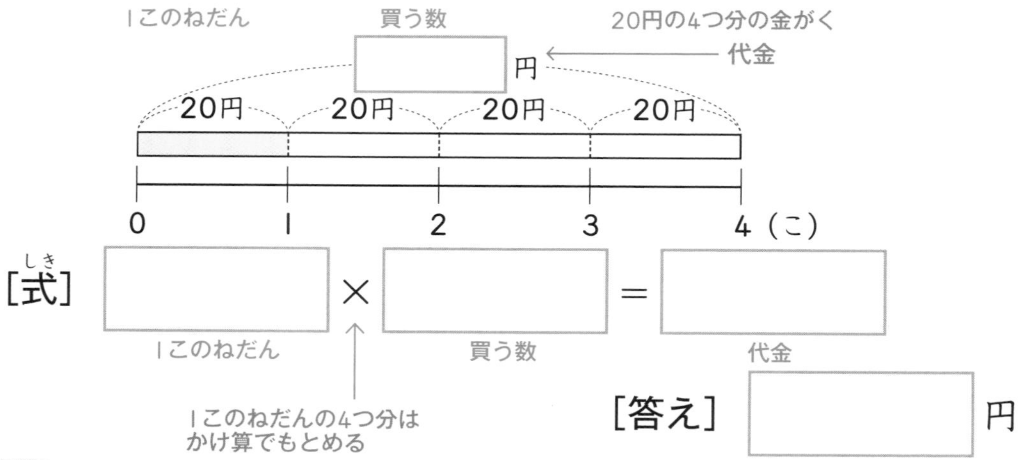

[式(しき)] □ × □ = □

1このねだん　買う数　代金

1このねだんの4つ分は かけ算でもとめる

[答え] □ 円

2 1こ300円のケーキを5こ買います。代金は何円ですか。

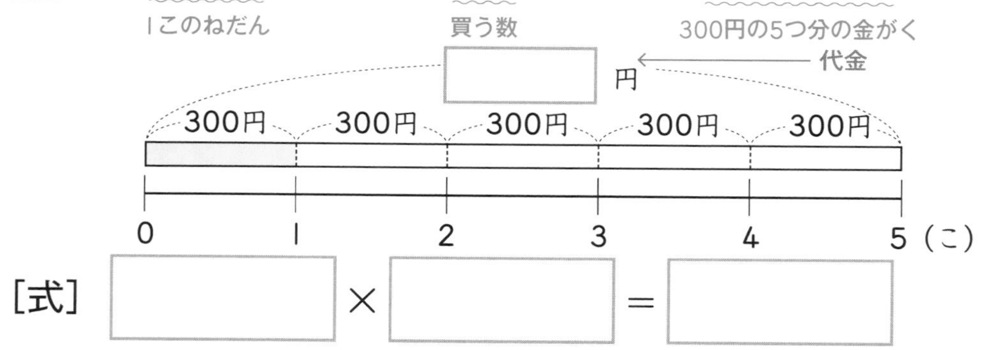

[式] □ × □ = □

[答え] □ 円

3 1ふくろ40まい入りのせんべいが3ふくろあります。

1ふくろのまい数　ふくろの数

せんべいは全部(ぜんぶ)で何まいありますか。

40まいの3つ分のまい数

[式] □ × □ = □

[答え] □ まい

14

整数のかけ算
何十，何百のかけ算

▶▶▶答えはべっさつ4ページ

1～4：式15点・答え10点

点数　　点

1 1まい80円の切手を6まい買います。代金は何円ですか。

[式]

[答え]

2 1箱20まい入りのクッキーが5箱あります。クッキーは全部で何まいありますか。

[式]

[答え]

3 900mL入りのジュースが3本あります。全部で何mLですか。

[式]

[答え]

4 500円玉が8まいあります。全部で何円ですか。

[式]

[答え]

整数のかけ算
かけ算①

▶▶▶答えはべっさつ4ページ

1 :式20点・答え20点　2 :式30点・答え30点

1 みかさんの学校の3年生は，1クラス32人ずつ，3クラスあります。みかさんの学校の3年生は，全部(ぜんぶ)で何人いますか。

（32人：1クラス分の人数　3クラス：クラスの数　何人：32人の3つ分の人数）

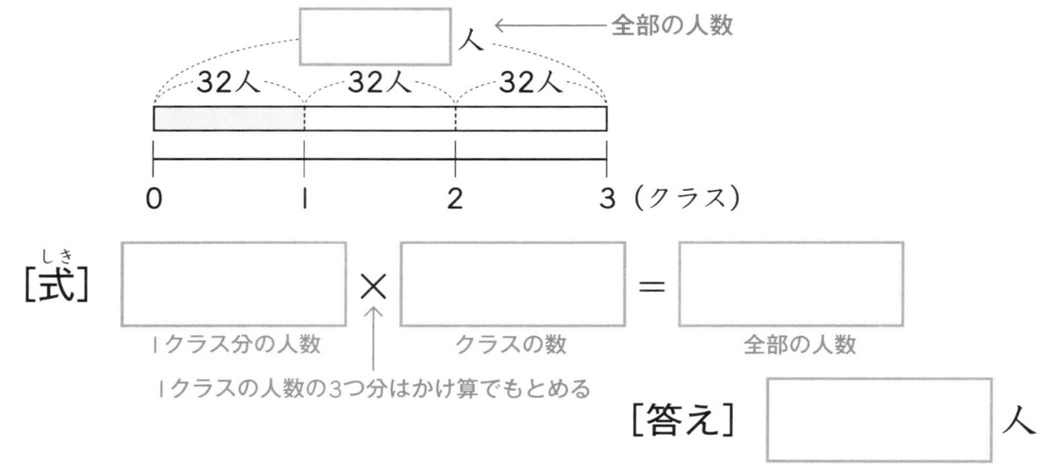

[式(しき)]　□ × □ ＝ □

（1クラス分の人数 × クラスの数 ＝ 全部の人数）

1クラスの人数の3つ分はかけ算でもとめる

[答え]　□ 人

2 1本120円のジュースを4本買います。代金(だいきん)は何円ですか。

（120円：1本分のねだん　4本：買う数　代金：120円の4つ分の金がく）

円 ← 代金

120円　120円　120円　120円

0　1　2　3　4（本）

[式]　□ × □ ＝ □

[答え]　□ 円

16 整数のかけ算 かけ算①

▶▶▶答えはべっさつ4ページ

点数 点

1：式10点・答え10点　2，3：式20点・答え20点

1 色紙を，1人に25まいずつ7人に配(くば)ります。色紙は全部(ぜんぶ)で何まいいりますか。

1人分のまい数　配る人数

25まいの7つ分のまい数

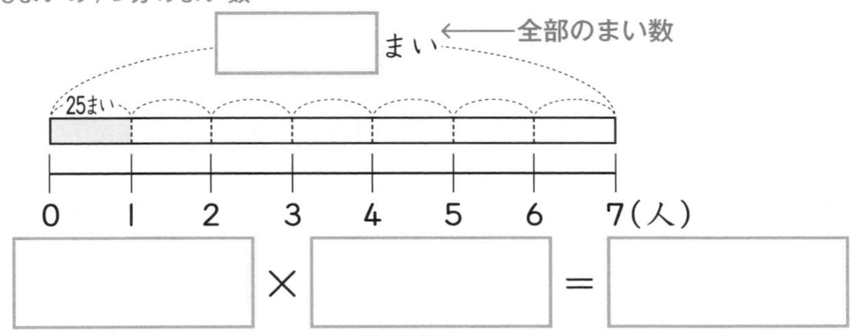

[式(しき)]　□ × □ ＝ □

[答え]　□ まい

2 1箱(はこ)12本入りのえん筆(ぴつ)が8箱あります。えん筆は全部で何本ありますか。

1箱分の本数　箱の数

12本の8つ分の本数

[式]　□ × □ ＝ □

[答え]　□ 本

3 プレゼント代(だい)を，1人320円ずつ6人から集(あつ)めました。全部で何円集まりましたか。

1人分の金がく　集める人数

320円の6つ分の金がく

[式]　□ × □ ＝ □

[答え]　□ 円

17 整数のかけ算 かけ算①

練習

▶▶▶答えはべっさつ5ページ

1～4：式15点・答え10点

点数　点

1 1mのねだんが85円のリボンを6m買います。代金(だいきん)は何円ですか。

[式(しき)]

[答え]

2 いすが，1列(れつ)に18きゃくずつ7列ならんでいます。いすは全部(ぜんぶ)で何きゃくありますか。

[式]

[答え]

3 本を，1日に24ページずつ5日間読みました。5日間で何ページ読みましたか。

[式]

[答え]

4 荷物(にもつ)を1回に105こずつ9回運(はこ)びました。荷物を全部で何こ運びましたか。

[式]

[答え]

18 整数のかけ算 かけ算①

練習

▶▶▶答えはべっさつ5ページ

点

1, 2, 3①②：式15点・答え10点

1 水族館（すいぞくかん）に入るのに，1人160円かかります。3人では何円かかりますか。

[式（しき）]

[答え]

2 1本250mL入りのお茶が4本あります。お茶は全部（ぜんぶ）で何mLありますか。

[式]

[答え]

3 1たば450まい入りのおり紙が398円で売られています。このおり紙を3たば買います。

① おり紙は全部で何まいになりますか。

[式]

[答え]

② 代金（だいきん）は何円ですか。

[式]

[答え]

19 整数のかけ算 かけ算のきまり

りかい

▶▶▶答えはべっさつ5ページ

1①②：式30点・答え20点

1 1こ95円のドーナツが，4こずつ箱に入って売られています。2箱買うと，代金は何円ですか。

（1こ95円：1このねだん　4こ：1箱のドーナツの数　2箱：買う箱の数　代金：全部の金がく）

① 1箱が何円になるかを先にもとめましょう。

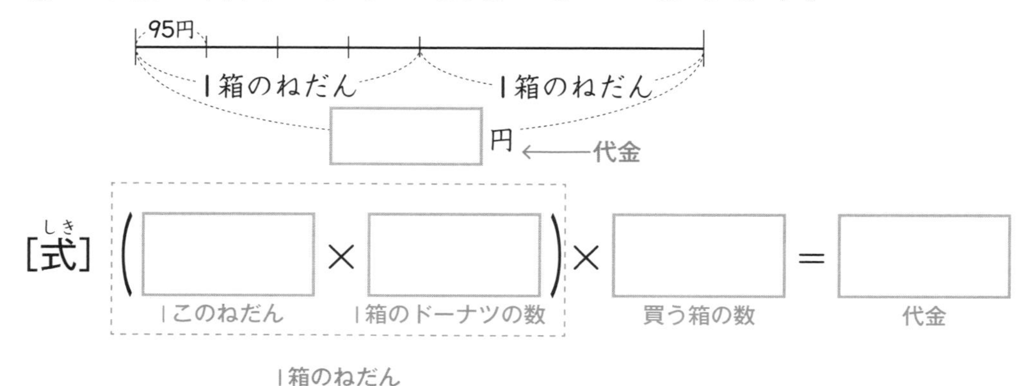

[式] (□×□)×□＝□

[答え] □円

② 全部のドーナツの数を先にもとめましょう。

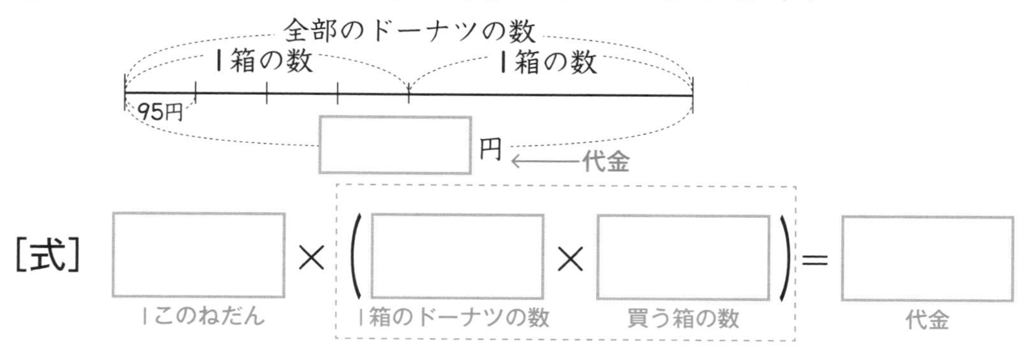

[式] □×(□×□)＝□

[答え] □円

20 整数のかけ算 かけ算のきまり

▶▶▶答えはべっさつ5ページ

1：式10点・答え10点　2，3：式20点・答え20点

1 80円のパン1こと120円のジュース1本を1組にして，6組買います。代金は何円ですか。

（80円：パンのねだん，120円：ジュースのねだん，6組：買う数，代金は何円：全部の金がく）

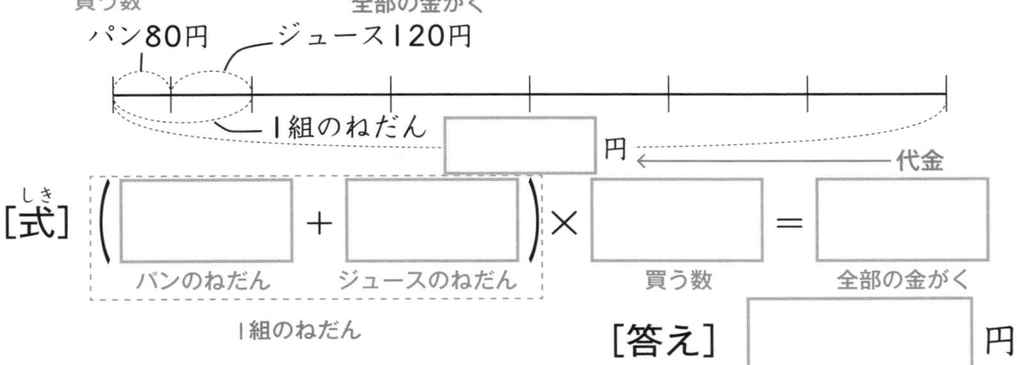

[式]（□＋□）×□＝□
（パンのねだん＋ジュースのねだん＝1組のねだん）×買う数＝全部の金がく

[答え]□円

2 80円のえん筆1本と20円のキャップ1こを1組にして，7組買います。代金は何円ですか。

（80円：えん筆のねだん，20円：キャップのねだん，7組：買う数，代金は何円：全部の金がく）

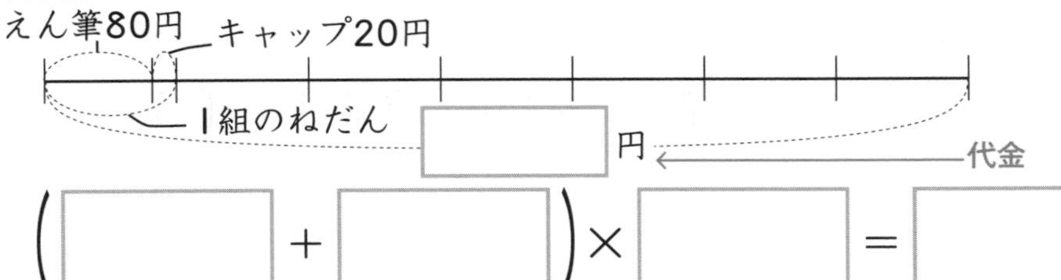

[式]（□＋□）×□＝□

[答え]□円

3 48円のみかん1こと152円のりんご1こを1組にして，8組買います。代金は何円ですか。

（48円：みかんのねだん，152円：りんごのねだん，8組：買う数，代金は何円：全部の金がく）

[式]（□＋□）×□＝□

[答え]□円

21 整数のかけ算 かけ算のきまり

練習

▶▶▶答えはべっさつ6ページ

点数　　点

1①②，2，3：式15点・答え10点

1 1こ280円のゼリーが，2こずつ箱(はこ)に入って売られています。3箱買うと，代金(だいきん)は何円ですか。

① 1箱が何円になるかを先にもとめましょう。

[式(しき)]

[答え]

② 全部(ぜんぶ)のゼリーの数を先にもとめましょう。

[式]

[答え]

2 おとな4人と子ども4人で，電車に乗(の)ります。電車代は，おとな1人330円，子ども1人170円です。電車代は全部で何円ですか。
（おとな1人と子ども1人を1組と考えましょう。）

[式]

[答え]

3 1本158円のペンと1本58円のえん筆(ぴつ)があります。ペン9本とえん筆9本のねだんのちがいは何円ですか。
（1本分のねだんのちがいを考えましょう。）

[式]

[答え]

勉強した日  月 日

整数のかけ算 倍の計算

▶▶▶答えはべっさつ6ページ

点

1：式20点・答え20点　2：式30点・答え30点

1 赤い色紙と青い色紙があります。赤い色紙は16まいで，（赤の数（もとにする大きさ））青い色紙のまい数は，赤い色紙のまい数（もとにするもの）の3倍（何倍）です。青い色紙は何まいありますか。（青の数（3倍にした大きさ））

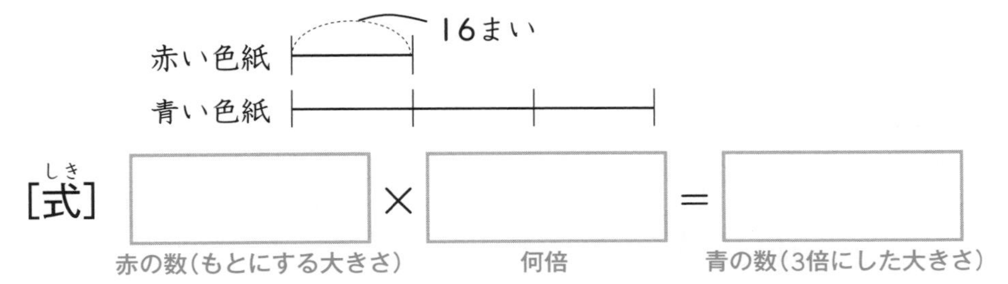

[式] □ × □ ＝ □

赤の数（もとにする大きさ）　何倍　青の数（3倍にした大きさ）

[答え] □ まい

2 大，小2つのコップがあります。小さいコップには水が150mL（小のかさ（もとにする大きさ））入っています。大きいコップには，小さいコップの水のかさ（もとにするもの）の4倍（何倍）の水が入っています。大きいコップには，水が何mL入っていますか。（大のかさ（4倍にした大きさ））

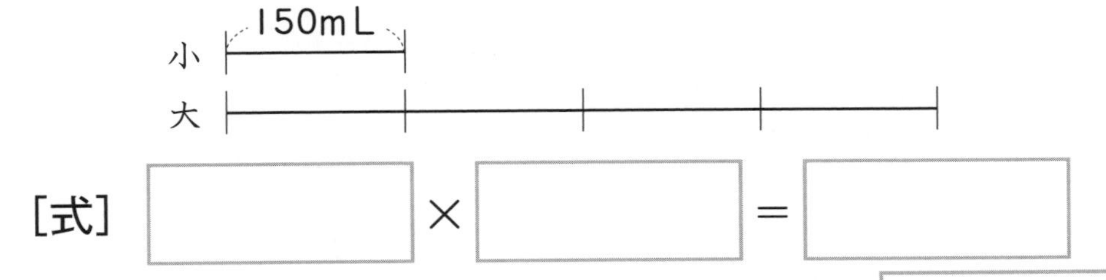

[式] □ × □ ＝ □

[答え] □ mL

23 整数のかけ算 倍の計算

りかい

▶▶▶答えはべっさつ6ページ

点数　　点

1①②：式15点・答え15点　③：式20点・答え20点

1 大，中，小3つのかごにみかんを入れます。
小のかごには，みかんが3こ入ります。中のかごには，
（小の数（もとにする大きさ））
小のかごの4倍(ばい)，大のかごには中のかごの2倍の数の
（もとにするもの　何倍　もとにするもの　何倍）
みかんが入ります。

① 中のかごには，みかんが何こ入りますか。
（中の数（4倍の大きさ））

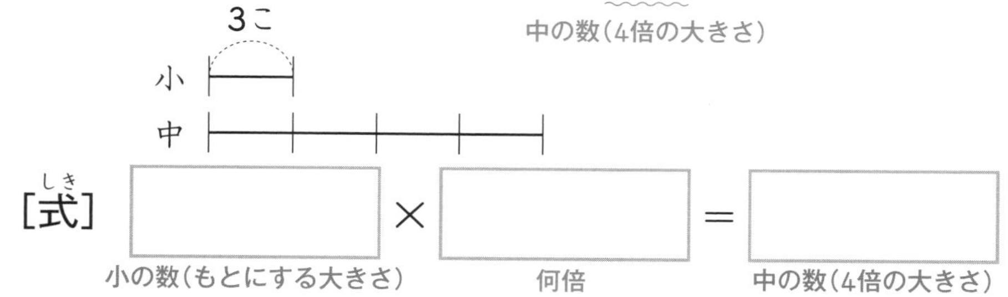

[式(しき)] □ × □ = □
（小の数（もとにする大きさ）　何倍　中の数（4倍の大きさ））

[答え] □ こ

② 大のかごには，小のかごの何倍のみかんが入りますか。
（もとにするもの　大は小の何倍）

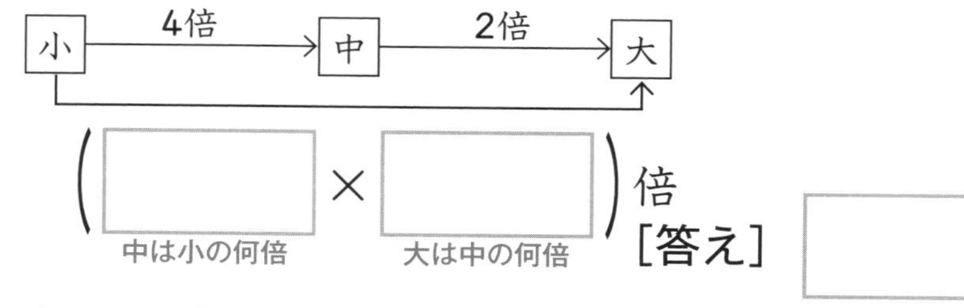

（□ × □）倍
（中は小の何倍　大は中の何倍）

[答え] □ 倍

③ 大のかごには，みかんが何こ入りますか。
（大の数（小を（4×2）倍した大きさ））

[式] □ ×（□ × □）= □

[答え] □ こ

24 整数のかけ算 倍の計算

▶▶▶答えはべっさつ6ページ

1～4：式15点・答え10点

1 1こ15円のあめがあります。ビスケットのねだんはあめのねだんの5倍(ばい)です。ビスケットのねだんは何円ですか。

[式(しき)]

[答え]

2 3年生と6年生で大なわとびをしました。3年生は24回とびました。6年生のとんだ回数は，3年生の回数の3倍でした。6年生は何回とびましたか。

[式]

[答え]

3 ようこさんは，おはじきを37こ持(も)っています。お姉さんはようこさんの4倍の数のおはじきを持っています。お姉さんは，おはじきを何こ持っていますか。

[式]

[答え]

4 ゆかさんたちは，あきビン，あきカン，ペットボトルを集(あつ)めました。あきビンの数は8本で，あきカンの数はあきビンの2倍，ペットボトルの数はあきカンの3倍でした。ペットボトルの数は何本ですか。

[式]

[答え]

25 整数のかけ算
何十をかける計算

▶▶▶答えはべっさつ7ページ

点

1：式20点・答え20点　2：式30点・答え30点

1 みかんを，1人に3こずつ20人に配(くば)ります。みかんは全(ぜん)部(ぶ)で何こいりますか。

（1人分のみかんの数）（人数）（全部のみかんの数）

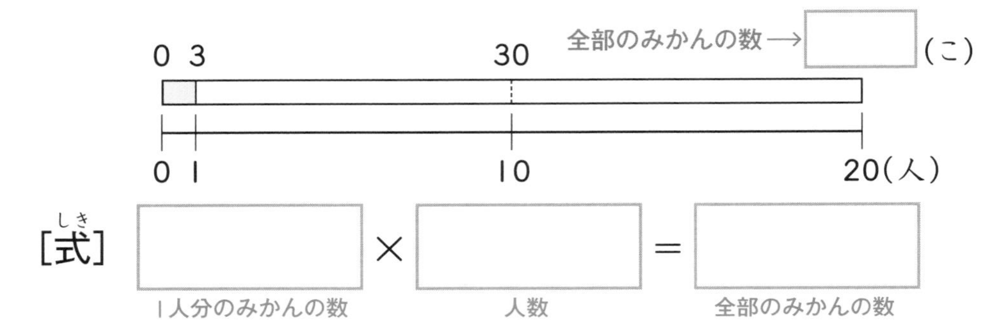

[式(しき)] □ × □ ＝ □

（1人分のみかんの数）（人数）（全部のみかんの数）

[答え] □ こ

2 1こ25円のあめを30こ買います。代金(だいきん)は何円ですか。

（1このねだん）（買う数）（全部の金がく）

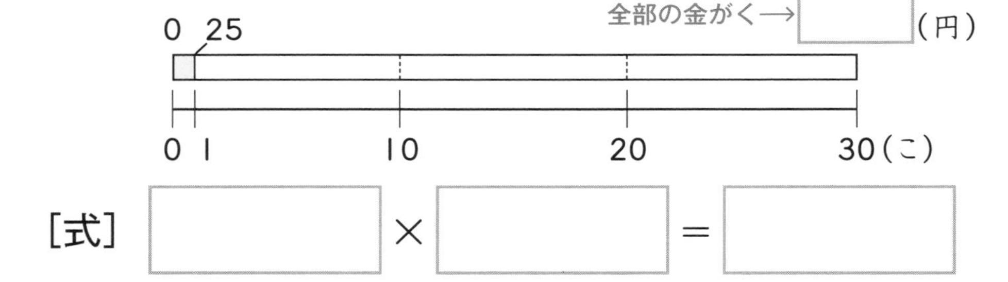

[式] □ × □ ＝ □

[答え] □ 円

勉強した日　月　日

整数のかけ算
何十をかける計算

▶▶▶答えはべっさつ7ページ

点数　点

1：式10点・答え10点　2，3：式20点・答え20点

1 1箱(はこ)に10こずつボールが入った箱が40箱(ばこ)あります。
（1箱のボールの数）（箱の数）

ボールは全部(ぜんぶ)で何こありますか。
（全部のボールの数）

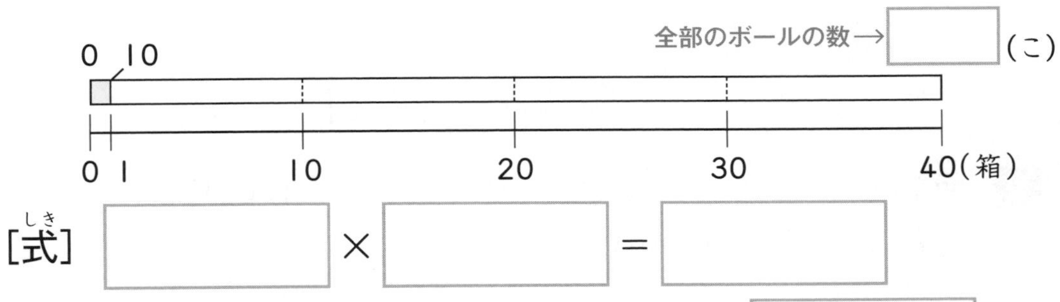

[式(しき)]　□ × □ ＝ □

[答え]　□ こ

2 1まい6円の画用紙を50まい買います。代金(だいきん)は何円ですか。
（1まいのねだん）（買う数）（全部の金がく）

[式]　□ × □ ＝ □

[答え]　□ 円

3 1m50円のリボンを20m買うと，代金は何円ですか。
（1mのねだん）（買う長さ）（全部の金がく）

[式]　□ × □ ＝ □

[答え]　□ 円

勉強した日　　月　　日

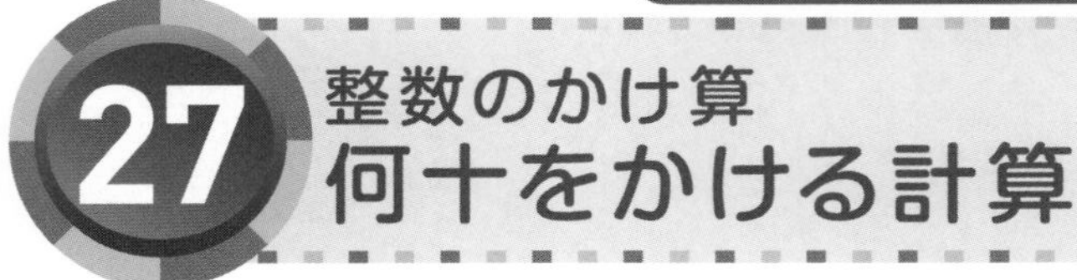

▶▶▶答えはべっさつ7ページ

1～4：式15点・答え10点

1 せんべいが8まいずつ入ったふくろが10こあります。
せんべいは全部で何まいありますか。

[式]

[答え]

2 色紙を1人に7まいずつ，30人の子どもに配ります。
色紙は全部で何まいいりますか。

[式]

[答え]

3 1まい80円の切手を20まい買います。
代金は何円ですか。

[式]

[答え]

4 いすが1列に25きゃくずつ，40列ならんでいます。
いすは全部で何きゃくありますか。

[式]

[答え]

28 整数のかけ算 かけ算②

▶▶▶答えはべっさつ7ページ

点数　点

1：式20点・答え20点　2：式30点・答え30点

1 1こ36円のみかんを24こ買います。代金(だいきん)は何円ですか。

1このねだん　買う数　全部(ぜんぶ)の金がく

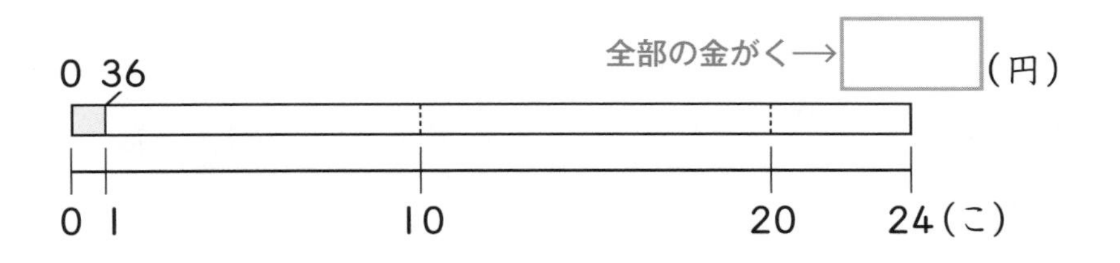

[式(しき)]　□ × □ ＝ □

1このねだん　買う数　全部の金がく

[答え]　□ 円

2 お楽しみ会のさんかひを，1人285円ずつ集(あつ)めます。さんかする人は32人です。全部で何円になりますか。

1人分の金がく　人数　全部の金がく

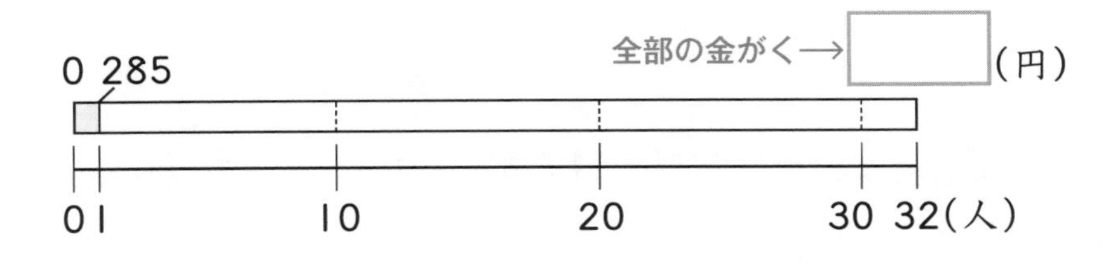

[式]　□ × □ ＝ □

[答え]　□ 円

29 整数のかけ算 かけ算②

▶▶▶答えはべっさつ7ページ

点

1：式10点・答え10点　2，3：式20点・答え20点

1 あゆみさんのクラスは35人です。クラスのみんなでつるをおっています。1人65こずつおると，全部で何こできますか。

（35人：人数　1人65こずつ：1人分の数　全部で何こ：全部の数）

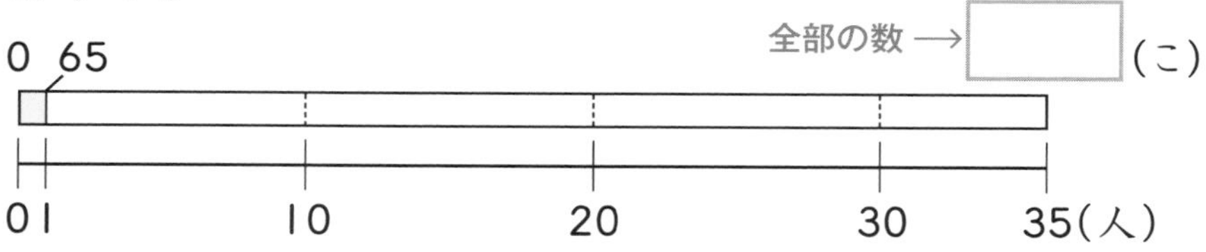

[式]　□ × □ ＝ □

[答え]　□ こ

2 1本68円のえん筆を1ダース買います。代金は何円ですか。

（1本68円：1本のねだん　1ダース：買う数（1ダースは12本）　代金：全部の金がく）

[式]　□ × □ ＝ □

[答え]　□ 円

3 1本500mL入りのお茶が16本あります。お茶は全部で何Lありますか。

（1本500mL：1本分のかさ　16本：本数　全部で何L：全部のかさ）

[式]　□ × □ ＝ □

[答え]　□ L

30 整数のかけ算 かけ算②

答えはべっさつ8ページ

1～4：式15点・答え10点

点数　　点

1 いちごを1皿(さら)に8こずつ，15皿にのせます。
いちごは全部(ぜんぶ)で何こいりますか。

[式(しき)]

[答え]

2 20本を1たばにした花たばを，28たばつくります。
花は全部で何本いりますか。

[式]

[答え]

3 文集(ぶんしゅう)を1さつつくるのに，紙を42まい使(つか)います。
文集を58さつつくると，紙を何まい使いますか。

[式]

[答え]

4 1こ75円のみかんを62こ買います。代金(だいきん)は何円ですか。

[式]

[答え]

31 整数のかけ算
かけ算②

練習

▶▶▶答えはべっさつ8ページ

1～4：式15点・答え10点

1 1こ158円のりんごを26こ買います。
代金(だいきん)は何円ですか。

[式(しき)]

[答え]

2 1mのねだんが205円のぬのを35m買います。
代金は何円ですか。

[式]

[答え]

3 子ども18人がバスに乗(の)ります。バス代は1人140円です。
バス代は全部(ぜんぶ)で何円になりますか。

[式]

[答え]

4 1ふくろ32こ入りのクッキーが275ふくろあります。
クッキーは全部で何こありますか。

[式]

[答え]

32 整数のかけ算のまとめ
おやつは何かな？

答えはべっさつ8ページ

式(しき)が「40×3」になる問題(もんだい)が書かれているカードをえらんで文字をならびかえると，今日のおやつがわかるよ！
さあ，今日のおやつは何かな？

問題 1　ん

りえさんは
40ページある本を3さつ読みました。全部(ぜんぶ)で何ページ読みましたか。

問題 2　く

あきらさんは
おはじきを40こ持(も)っています。お兄さんから3こもらうと，全部で何こになりますか。

問題 3　み

あおいさんは
1たば40まいあるカードを，3たば持っています。カードは全部で何まいありますか。

問題 4　ご

ゆいさんのクラスの人数は全員(ぜんいん)で40人です。今日は3人休んでいます。出せきしている人は何人ですか。

問題 5　り

こうじさんは
40まいあるおり紙のうち3まい使(つか)いました。
のこりは何まいありますか。

問題 6　か

みきさんは1ふくろ40こ入りのあめを，3ふくろ買いました。買ったあめは全部で何こになりますか。

答え　□□□

33 整数のわり算
わり算①

▶▶▶答えはべっさつ8ページ

点

1：式20点・答え20点　2：式30点・答え30点

1 ビー玉が18こあります。3人で同じ数ずつ分けると，1人分は何こになりますか。

（18こ：全部の数　3人：人数　1人分は何こ：1人分の数）

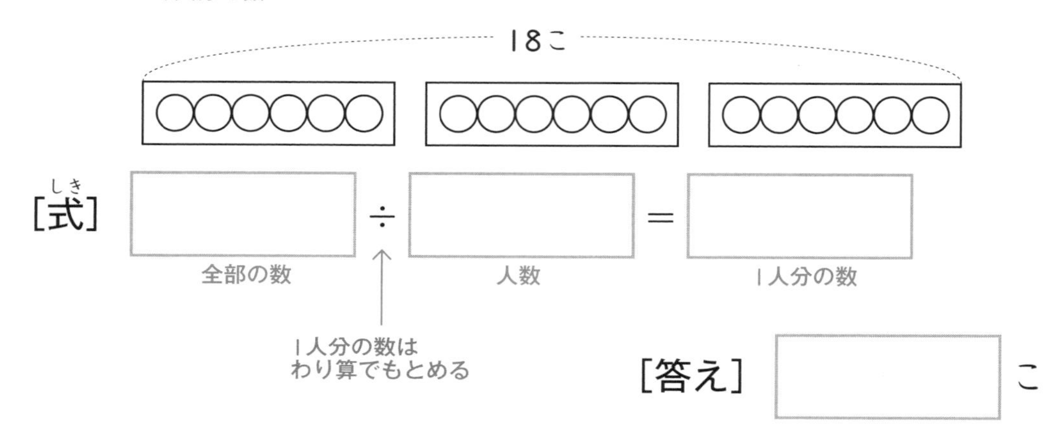

[式]　□ ÷ □ ＝ □

[答え]　□ こ

2 24mのリボンがあります。同じ長さずつ6本に切ると，1本分の長さは何mになりますか。

（24m：全体の長さ　6本：本数　1本分の長さは何m：1本分の長さ）

24m

[式]　□ ÷ □ ＝ □

[答え]　□ m

34 整数のわり算
わり算①

▶▶▶答えはべっさつ9ページ

点

1：式10点・答え10点　2，3：式20点・答え20点

1 ビー玉が18こあります。1人に3こずつ分けると，何人に分けられますか。

（18：全部(ぜんぶ)の数，3こ：1人分の数，何人：人数）

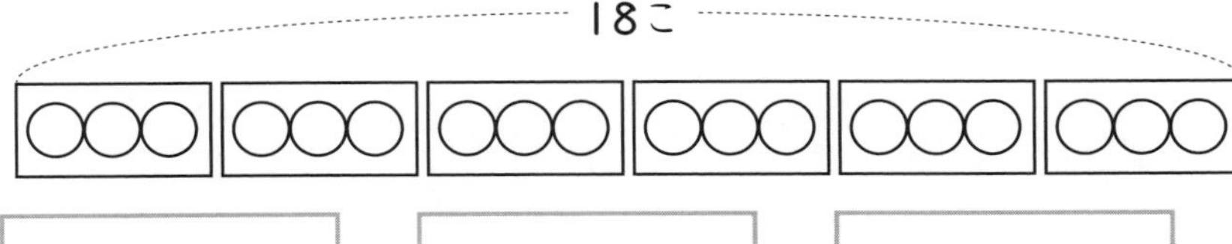

[式(しき)] ☐ ÷ ☐ ＝ ☐

[答え] ☐ 人

2 24mのリボンがあります。6mずつに切ると，何本に分けられますか。

（24m：全体の長さ，6m：1本分の長さ，何本：本数）

[式] ☐ ÷ ☐ ＝ ☐

[答え] ☐ 本

3 30まいの色紙を，1人に5まいずつ分けると，何人に分けられますか。

（30まい：全部の数，1人に5まい：1人分の数，何人：人数）

[式] ☐ ÷ ☐ ＝ ☐

[答え] ☐ 人

整数のわり算
わり算①

▶▶▶答えはべっさつ9ページ

点

1～4：式15点・答え10点

1 20まいの色紙を，4人で同じ数ずつ分けると，1人分は何まいになりますか。

[式]

[答え]

2 28このりんごを，同じ数ずつ7つのふくろに分けると，1ふくろは何こになりますか。

[式]

[答え]

3 子どもが42人います。同じ人数ずつ6つのグループに分けると，1つのグループは何人になりますか。

[式]

[答え]

4 えん筆が72本あります。9人に同じ数ずつ分けると，1人分は何本になりますか。

[式]

[答え]

36 整数のわり算
わり算①

▶▶▶答えはべっさつ9ページ

1～4：式15点・答え10点

1 ジュースが18dLあります。1人に2dLずつ分けると，何人に分けられますか。

[式]

[答え]

2 あめが32こあります。1人に4こずつ分けると，何人に分けられますか。

[式]

[答え]

3 画用紙が40まいあります。1人に8まいずつ配(くば)ると，何人に配ることができますか。

[式]

[答え]

4 計算問題(もんだい)が72問あります。1日に9問ずつとくと，何日で全部(ぜんぶ)とき終(お)わりますか。

[式]

[答え]

整数のわり算
0や1のわり算

▶▶▶答えはべっさつ9ページ

点

1①：式20点・答え20点　②：式30点・答え30点

1 箱（はこ）の中のボールを5人に同じ数ずつ分けます。
人数

① ボールの数が5このとき，1人分は何こになりますか。
全部（ぜんぶ）の数　　1人分の数

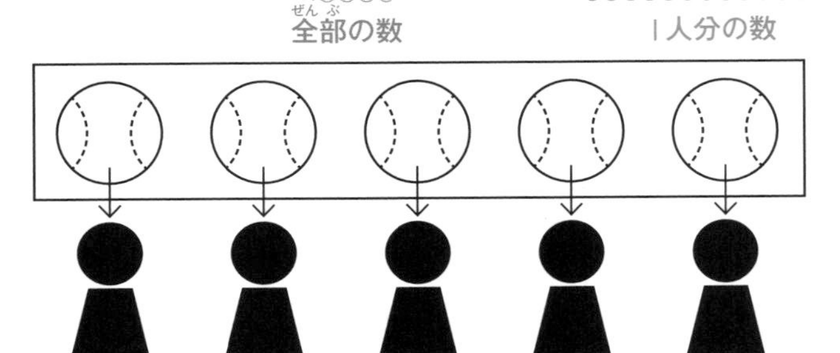

[式（しき）]  ÷  ＝ □
全部の数　　人数　　1人分の数

[答え] □ こ

② ボールの数が0このとき，1人分は何こになりますか。
全部の数　　1人分の数

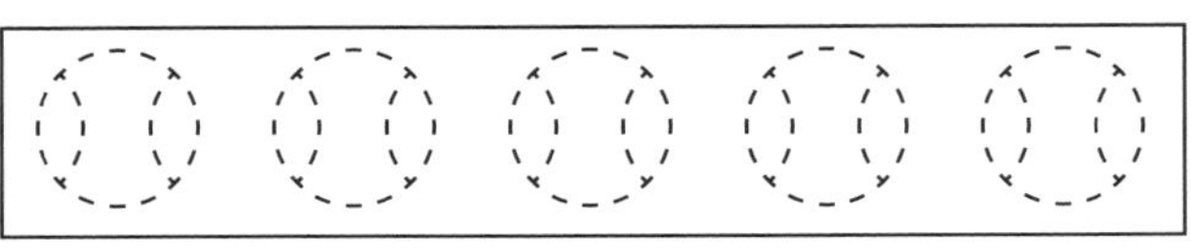

[式] 

[答え]  こ

整数のわり算
0や1のわり算

▶▶▶答えはべっさつ10ページ

点数　点

1：式10点・答え10点　2，3：式20点・答え20点

1 5このドーナツを，1人に1こずつ配る(くば)と，何人に配ることができますか。

（5こ：全部の数(ぜんぶ)　1人に1こずつ：1人分の数　何人：人数）

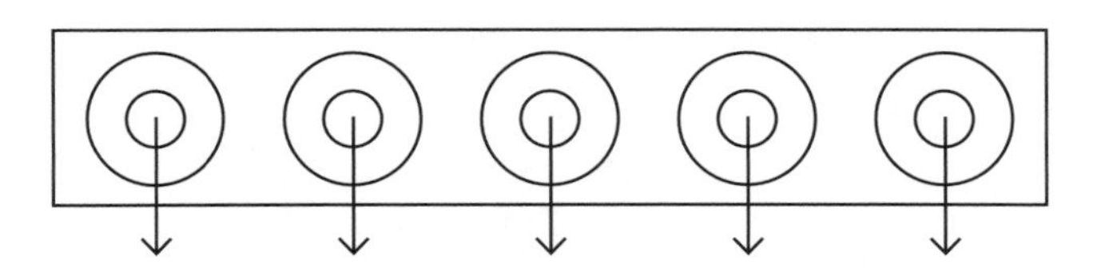

[式(しき)] □ ÷ □ ＝ □

[答え] □ 人

2 6このチョコレートを，6人に同じ数ずつ分けるとき，1人分は何こになりますか。

（6こ：全部の数　6人：人数　1人分は何こ：1人分の数）

[式] □ ÷ □ ＝ □

[答え] □ こ

3 8まいのクッキーを，1人に1まいずつ配ると，何人に配ることができますか。

（8まい：全部の数　1人に1まいずつ：1人分の数　何人：人数）

[式] □ ÷ □ ＝ □

[答え] □ 人

39 整数のわり算
0や1のわり算

▶▶▶答えはべっさつ10ページ

1～4：式15点・答え10点

1 4このあめを4人に同じ数ずつ分けます。1人分は何こになりますか。

[式(しき)]

[答え]

2 9dLの牛にゅうを，9つのコップに同じかさずつ入るように分けます。1つのコップには何dL入りますか。

[式]

[答え]

3 計算プリントが8まいあります。1日に1まいずつといていくと，全部(ぜんぶ)とき終(お)わるのに，何日かかりますか。

[式]

[答え]

4 箱(はこ)の中のあめを，あきこさんと妹で同じ数ずつ分けようとしましたが，箱の中には，あめが1つも入っていませんでした。あきこさんの分のあめは何こになりますか。

[式]

[答え]

勉強した日　月　日

40 整数のわり算 倍の計算

▶▶▶答えはべっさつ10ページ

1：式20点・答え20点　2：式30点・答え30点

1 よしおさんは，カードを24まい持っています。
よしおさんの数（□倍にした大きさ）

弟は，カードを6まい持っています。よしおさんは，弟
弟の数（もとにする大きさ）　もとにするもの

の何倍のカードを持っていますか。
何倍

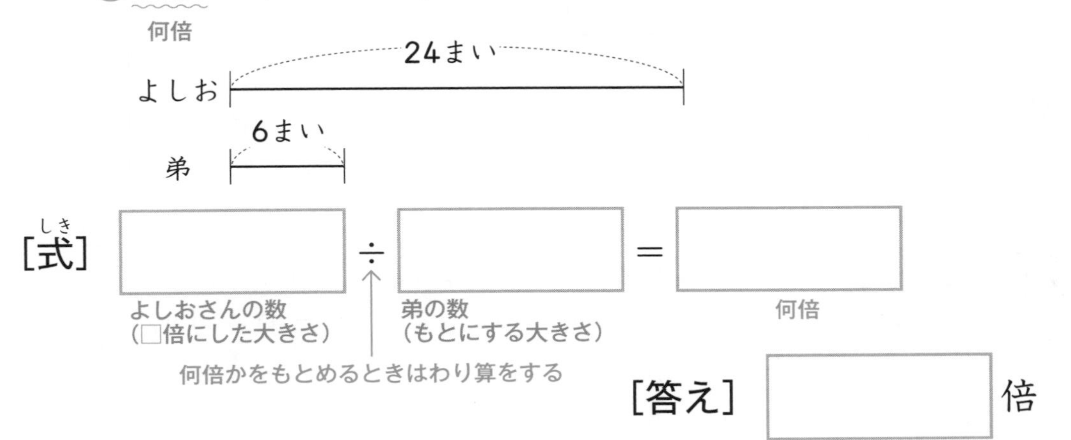

[答え]　　倍

2 赤いリボンの長さは48mです。青いリボンの長さは
赤の長さ（□倍にした大きさ）

8mです。赤いリボンの長さは，青いリボンの長さの
青の長さ（もとにする大きさ）　もとにするもの

何倍ですか。
何倍

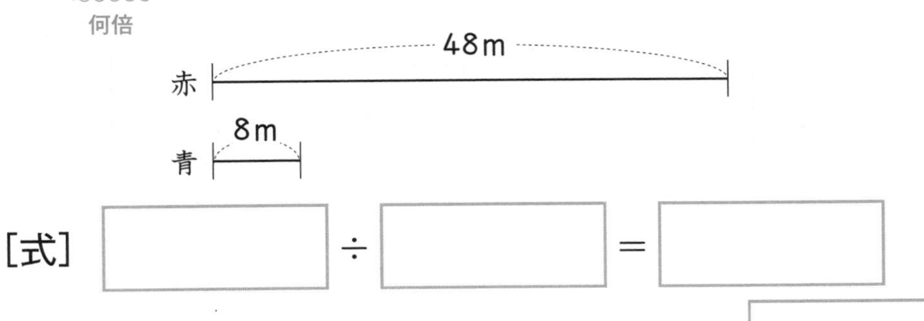

[答え]　　倍

勉強した日　　月　　日

整数のわり算
倍の計算

▶▶▶答えはべっさつ10ページ

点

1：式10点・答え10点　**2**，**3**：式20点・答え20点

1 りんごが5こ，みかんが40こあります。

りんごの数（もとにする大きさ）　みかんの数（□倍にした大きさ）

みかんの数は，りんごの数の何倍(なんばい)ですか。

もとにするもの　何倍

りんご　5こ

みかん　40こ

[式(しき)] □ ÷ □ ＝ □

[答え] □ 倍

2 大，小2しゅるいのバケツに水を入れます。大のバケツに20L，小のバケツに4L入れると，大のバケツの水のかさは，小のバケツの水のかさの何倍ですか。

大のかさ（□倍にした大きさ）　小のかさ（もとにする大きさ）

もとにするもの　何倍

[式] □ ÷ □ ＝ □

[答え] □ 倍

3 公園に，いちょうの木が9本，さくらの木が36本あります。さくらの木の数は，いちょうの木の数の何倍ですか。

いちょうの数（もとにする大きさ）　さくらの数（□倍にした大きさ）

もとにするもの　何倍

[式] □ ÷ □ ＝ □

[答え] □ 倍

整数のわり算
倍の計算

▶▶▶答えはべっさつ10～11ページ

1～4：式15点・答え10点

1 りんごが16こ，なしが8こあります。りんごの数はなしの数の何倍（なんばい）ですか。

[式（しき）]

[答え]

2 高さが15mのたて物（もの）があり，そのそばには，高さ3mの木が立っています。たて物の高さは，木の高さの何倍ですか。

[式]

[答え]

3 たての長さが18cm，横（よこ）の長さが6cmの長方形の紙があります。この紙の，たての長さは横の長さの何倍ですか。

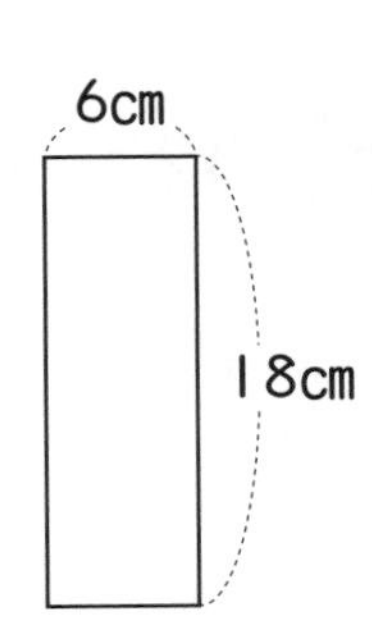

[式]

[答え]

4 たけしさんと弟は，なわとびをしました。弟は9回とびました。たけしさんは63回とびました。たけしさんのとんだ回数は，弟の回数の何倍ですか。

[式]

[答え]

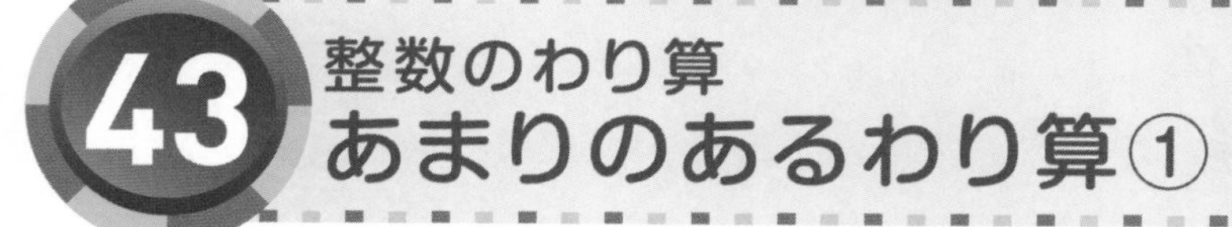

43 整数のわり算 あまりのあるわり算①

▶▶▶答えはべっさつ11ページ

点数　　点

1：式20点・答え20点　2：式30点・答え30点

1 りんごが17こあります。3人で同じ数ずつ分けると，
（17こ：全部の数）（3人：人数）

1人分は何こになって，りんごは何こあまりますか。
（1人分の数）（あまり）

17こ

あまり

[式] □ ÷ □ ＝ □ あまり □
（全部の数）（人数）（1人分の数）（あまり）

[答え] 1人分は □ こになって，□ こあまる

2 32このビー玉を5つのふくろに同じ数ずつ分けます。
（32こ：全部の数）（5つ：ふくろの数）

1ふくろ分は何こになって，ビー玉は何こあまりますか。
（1ふくろ分の数）（あまり）

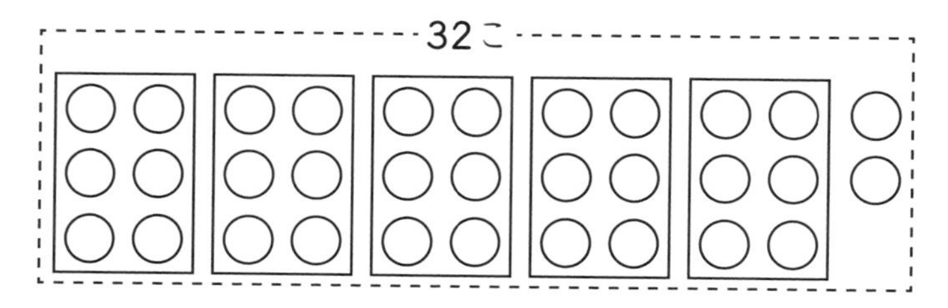

[式] □ ÷ □ ＝ □ あまり □

[答え] 1ふくろ分は □ こになって，□ こあまる

整数のわり算
あまりのあるわり算①

▶▶▶答えはべっさつ11ページ

点数　　点

1：式10点・答え10点　2，3：式20点・答え20点

1 りんごが16こあります。1ふくろに5こずつ入れると，5こ入ったふくろは何ふくろできて，りんごは何こあまりますか。

（16こ：全部の数　1ふくろに5こずつ：1ふくろ分の数　何ふくろ：ふくろの数　何こあまり：あまり）

16こ

[○○○○○] [○○○○○] [○○○○○] ○ ← あまり

[式]　□ ÷ □ ＝ □ あまり □

[答え]　□ ふくろできて，□ こあまる

2 色紙が53まいあります。1人に8まいずつ分けると，何人に分けられて，色紙は何まいあまりますか。

（53まい：全部の数　1人に8まいずつ：1人分の数　何人：人数　何まいあまり：あまり）

[式]　□ ÷ □ ＝ □ あまり □

[答え]　□ 人に分けられて，□ まいあまる

3 50mのリボンを6mずつに切ります。6mのリボンは何本できて，リボンは何mあまりますか。

（50m：全部の長さ　6mずつ：1本分の長さ　何本：本数　何mあまり：あまり）

[式]　□ ÷ □ ＝ □ あまり □

[答え]　□ 本できて，□ mあまる

勉強した日　月　日

45 整数のわり算 あまりのあるわり算①

▶▶▶答えはべっさつ11ページ

点数　点

1～4：式15点・答え10点

1 色紙が29まいあります。4人で同じ数ずつ分けると，1人分は何まいになって，何まいあまりますか。

[式(しき)]

[答え]

2 59このいちごがあります。7皿(さら)に同じ数ずつ分けると，1皿分は何こになって，何こあまりますか。

[式]

[答え]

3 えん筆(ぴつ)が63本あります。8人に同じ数ずつ分けると，1人分は何本になって，何本あまりますか。

[式]

[答え]

4 花が80本あります。同じ数ずつの9つの花たばをつくります。1たば分は何本になって，何本あまりますか。

[式]

[答え]

勉強した日　　月　　日

46 整数のわり算 あまりのあるわり算①

▶▶▶答えはべっさつ12ページ

1～4：式15点・答え10点

1 ケーキが14こあります。1箱に4こずつ入れると，4こ入った箱は何箱できて，ケーキは何こあまりますか。

[式]

[答え]

2 お茶が42dLあります。5dLずつコップに入れていくと，5dL入ったコップは何こできて，お茶は何dLあまりますか。

[式]

[答え]

3 75cmの竹ひごがあります。9cmずつ切ると，9cmの竹ひごは何本とれて，竹ひごは何cmあまりますか。

[式]

[答え]

4 シールが60まいあります。1人に8まいずつ配ると，何人に配れて，シールは何まいあまりますか。

[式]

[答え]

整数のわり算 あまりのあるわり算②

▶▶▶答えはべっさつ12ページ

点

1：式20点・答え20点　2：式30点・答え30点

1 19このみかんがあります。1ふくろに5こ入れることができます。みかんを全部(ぜんぶ)入れるには，ふくろは何まいあればいいですか。

（全部の数／1ふくろ分の数／あまったみかんもふくろに入れる／ふくろの数）

19こ

○○○○○　○○○○○　○○○○○　○○○○（あまり）

[式(しき)] □ ÷ □ ＝ □ あまり □

（全部の数／1ふくろ分の数／5こ入ったふくろの数／あまったみかんの数）

□ ＋ □ ＝ □

（5こ入ったふくろの数／あまったみかんを入れるふくろの数／全部入れるためのふくろの数）

[答え] □ まい

2 子どもが34人います。1つの長いすに6人すわれます。みんながすわるには，長いすは何きゃくあればいいですか。

（全部の人数／1きゃく分の人数／あまった人もすわる／いすの数）

34人

6人

[式] □ ÷ □ ＝ □ あまり □

□ ＋ □ ＝ □

[答え] □ きゃく

勉強した日 月 日

整数のわり算
あまりのあるわり算②

▶▶▶答えはべっさつ12ページ

点

1：式10点・答え10点　2，3：式20点・答え20点

1 りんご22こを，1箱に8こずつ入れて売ります。（22こ：全部の数／1箱に8こ：1箱分の数）
箱は何箱できますか。（8こ入った箱の数）

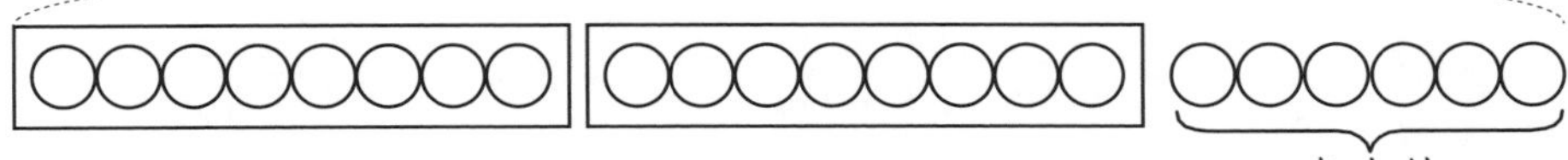

[式]  □ ÷  □ ＝ □ あまり □
（全部の数 ÷ 1箱分の数 ＝ 8こ入った箱の数 あまり あまりのりんごの数）

[答え] □ 箱

2 プリンが31こあります。1箱に4こずつ入れて売ります。（31こ：全部の数／1箱に4こ：1箱分の数）
箱は何箱できますか。（4こ入った箱の数）

31こ
4こ

[式]  □ ÷ □ ＝ □ あまり □

[答え] □ 箱

3 花が54本あります。7本ずつ1たばにして売ります。（54本：全部の数／7本ずつ：1たば分の数）
たばは何たばできますか。（7本のたばの数）

[式] 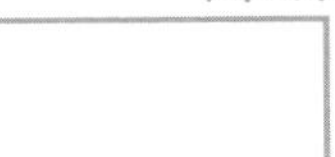 □ ÷ □ ＝ □ あまり □

[答え] □ たば

勉強した日　　月　　日

▶▶▶答えはべっさつ13ページ
1～4：式15点・答え10点

点数　　点

1 13この荷物(にもつ)を，1回に2こずつ運(はこ)びます。全部(ぜんぶ)の荷物を運ぶには，何回運ばなければなりませんか。

[式(しき)]

[答え]

2 子ども35人が，4人乗(の)りのボートに乗ります。みんなが乗るには，ボートは何そういりますか。

[式]

[答え]

3 45さつの本を，1だんに6さつずつ，本だなに立てていきます。全部の本を本だなに立てるには，たなは何だんいりますか。

[式]

[答え]

4 78ページある本を，1日に8ページずつ読みます。読み終(お)わるのに，何日かかりますか。

[式]

[答え]

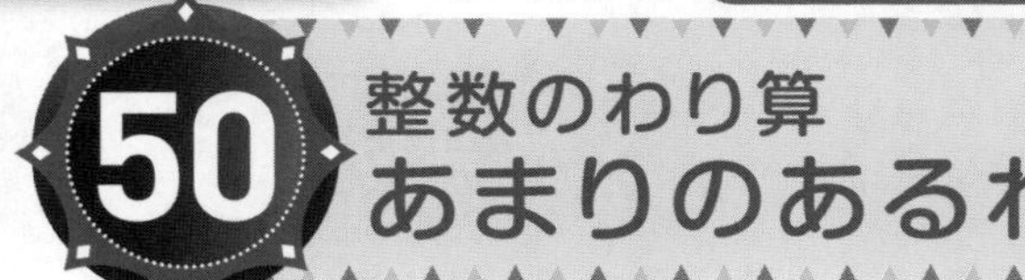

50 整数のわり算 あまりのあるわり算②

▶▶▶答えはべっさつ13ページ

1～4：式15点・答え10点

点数　　点

1 あんパンが26こあります。1ふくろに4こずつ入れて売ります。何ふくろつくることができますか。

[式]

[答え]

2 はばが25cmの本立てに，あつさ3cmの本を立てていきます。本は何さつ立てられますか。

[式]

[答え]

3 65円持っています。1まい9円の画用紙を何まい買うことができますか。

[式]

[答え]

4 いちごが50こあります。1つのデコレーションケーキにいちごを8こ使います。デコレーションケーキは何こできあがりますか。

[式]

[答え]

51 整数のわり算 わり算②

▶▶▶答えはべっさつ13ページ

点

1：式20点・答え20点　**2**：式30点・答え30点

1 60このおはじきを，3人で同じ数ずつ分けます。1人分は何こになりますか。

（60：全部(ぜんぶ)の数　3人：人数　1人分は何こ：1人分の数）

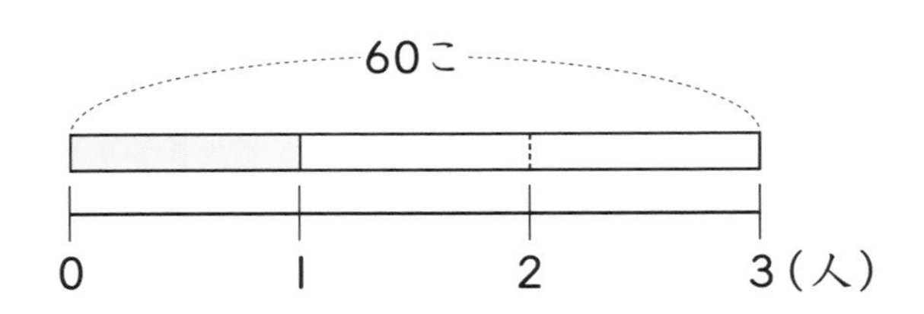

[式(しき)] □ ÷ □ ＝ □

（全部の数 ÷ 人数 ＝ 1人分の数）

1人分の数はわり算でもとめる

[答え] □ こ

2 4こで80円のガムがあります。ガム1このねだんは何円ですか。

（4こ：こ数　80円：全部の金がく　ガム1このねだん：1こ分の金がく）

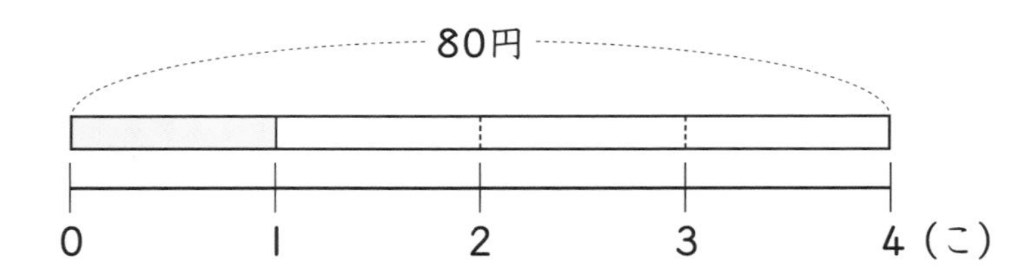

[式] □ ÷ □ ＝ □

[答え] □ 円

勉強した日  月  日

52 整数のわり算 わり算②

▶▶▶答えはべっさつ14ページ

点数　　点

1：式10点・答え10点　2，3：式20点・答え20点

1 63このみかんを，3人で同じ数ずつ分けます。
（63こ：全部の数）（3人：人数）

1人分は何こになりますか。
（1人分は何こ：1人分の数）

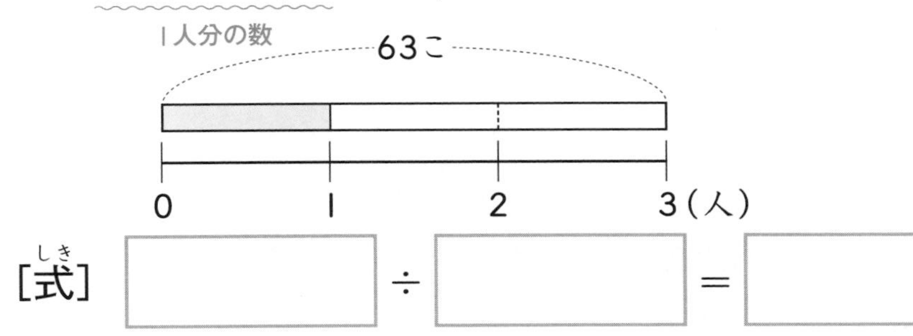

[式]　　÷　　＝

[答え]　　こ

2 46まいの色紙を，2人で同じ数ずつ分けます。
（46まい：全部の数）（2人：人数）

1人分は何まいになりますか。
（1人分は何まい：1人分の数）

[式]　　÷　　＝

[答え]　　まい

3 子どもが48人います。4人ずつのはんに分かれます。
（48人：全部の数）（4人ずつ：1つ分の数）

はんは何こできますか。
（はんは何こ：分ける数）

[式]　　÷　　＝

[答え]　　こ

勉強した日　　月　　日

▶▶▶答えはべっさつ14ページ

点数　　点

1～4：式15点・答え10点

1 長さ90cmのテープがあります。同じ長さになるようにして，3本に切り分けると，1本分の長さは何cmになりますか。

[式(しき)]

[答え]

2 5まいで50円の画用紙があります。1まいのねだんは何円ですか。

[式]

[答え]

3 えん筆(ぴつ)が84本あります。1人に2本ずつ分けると，何人に分けられますか。

[式]

[答え]

4 99本の花を，同じ数ずつ9つの花たばに分けます。1つの花たばの花の数は，何本になりますか。

[式]

[答え]

勉強した日  月  日

54 整数のわり算のまとめ
何て言っていたのかな？

▶▶▶ 答えはべっさつ14ページ

24このいちごの分けかたを4人が話していたよ。
でも，ところどころ聞こえないところがあったんだ。
あいているところの数字を考えて，
4人の分けかたをかいめいしよう。
（同じ形のところには，同じ数字があてはまるよ。）

みきさん

3こずつ □ まいのお皿（さら）に分けました。

まさとさん

□ こずつ ○ まいのお皿に分けました。

ゆかさん

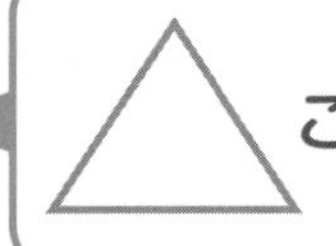 こずつ6まいのお皿に分けました。

だいすけさん

 こ入ったお皿が  まいできて，
いちごは △ こあまりました。

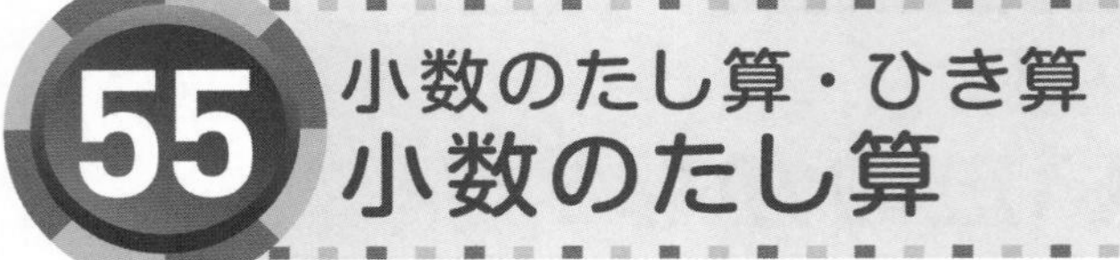

55 小数のたし算・ひき算
小数のたし算

▶▶▶答えはべっさつ14ページ

点

1：式20点・答え20点　2：式30点・答え30点

1 水がビンに0.6L（ビンの水のかさ），コップに0.2L（コップの水のかさ）入っています。あわせて何Lありますか（ビンの水とコップの水をあわせたかさ）。

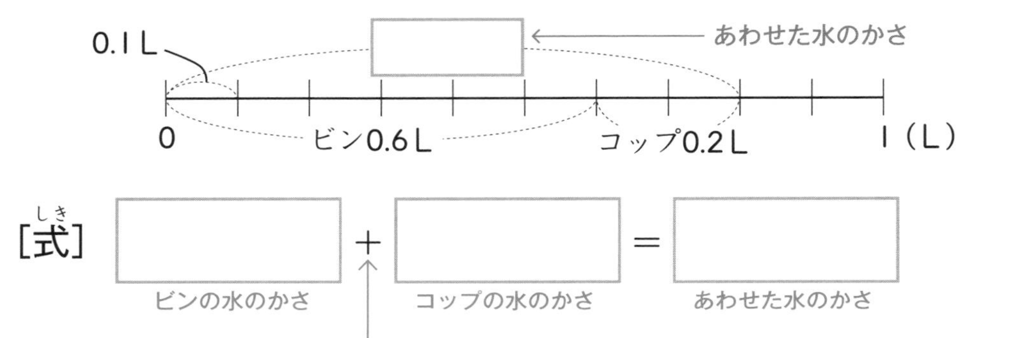

[式（しき）]　□（ビンの水のかさ）＋□（コップの水のかさ）＝□（あわせた水のかさ）

あわせたかさはたし算でもとめる

[答え]　□ L

2 0.9L（はじめのかさ）の水が入っているバケツに，0.3L（あとから入れたかさ）の水を入れると，バケツの中の水は全部（ぜんぶ）で何Lになりますか（はじめのかさとあとから入れたかさをあわせたかさ）。

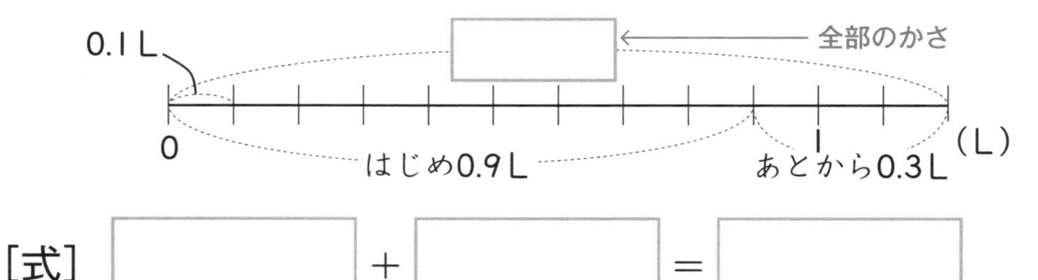

[式]　□＋□＝□

[答え]　□ L

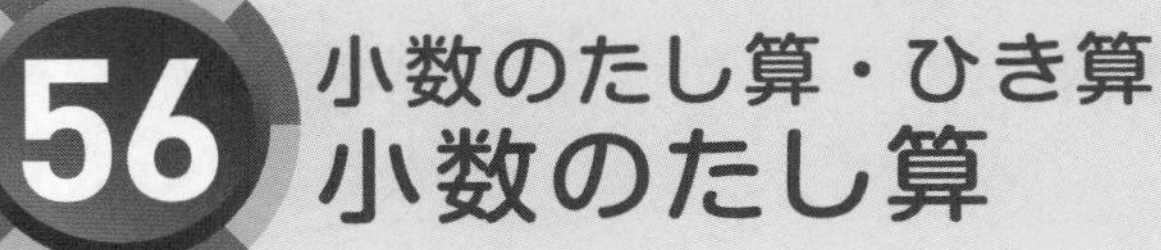

56 小数のたし算・ひき算 小数のたし算

▶▶▶答えはべっさつ15ページ

点数　　点

1：式10点・答え10点　2，3：式20点・答え20点

1 あつしさんの家に植(う)えてある木の高さは，去年(きょねん)は1.2mでした。1年間で0.1mのびました。あつしさんの家の木の，今の高さは何mですか。

去年の木の高さ：1.2m　のびた分：0.1m　何m：去年の木の高さにのびた分をあわせた高さ

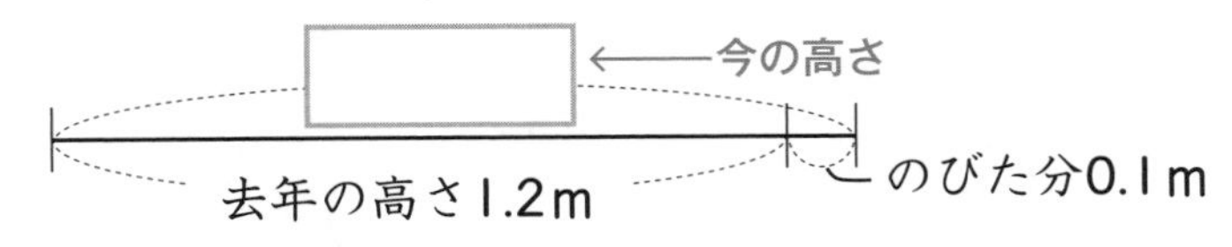

[式(しき)] ＿＿ ＋ ＿＿ ＝ ＿＿

[答え] ＿＿ m

2 お茶が，ポットに1L，水とうに0.5L入っています。お茶は全部(ぜんぶ)で何Lありますか。

1L：ポットのかさ　0.5L：水とうのかさ　全部で何L：ポットのかさと水とうのかさをあわせたかさ

[式] ＿＿ ＋ ＿＿ ＝ ＿＿

[答え] ＿＿ L

3 赤いリボンが2.5m，白いリボンが1.6mあります。リボンはあわせて何mありますか。

2.5m：赤の長さ　1.6m：白の長さ　あわせて何m：赤の長さと白の長さをあわせた長さ

[式] ＿＿ ＋ ＿＿ ＝ ＿＿

[答え] ＿＿ m

57

小数のたし算・ひき算

小数のたし算

▶▶▶答えはべっさつ15ページ

1～4：式15点・答え10点

1 たろうさんは，牛にゅうを，朝に0.1L，昼に0.2L飲(の)みました。あわせて，何L飲みましたか。

[式(しき)]

[答え]

2 リボンを，ゆみさんは4.5m，妹は2.4m使(つか)います。あわせて何m使いますか。

[式]

[答え]

3 しょう油(ゆ)が，大きいビンに0.7L，小さいビンに0.3Lあります。全部(ぜんぶ)で何Lありますか。

[式]

[答え]

4 ポットに水が0.8L入っていました。そこへ，水を1.4L入れると，ポットの水は全部で何Lになりますか。

[式]

[答え]

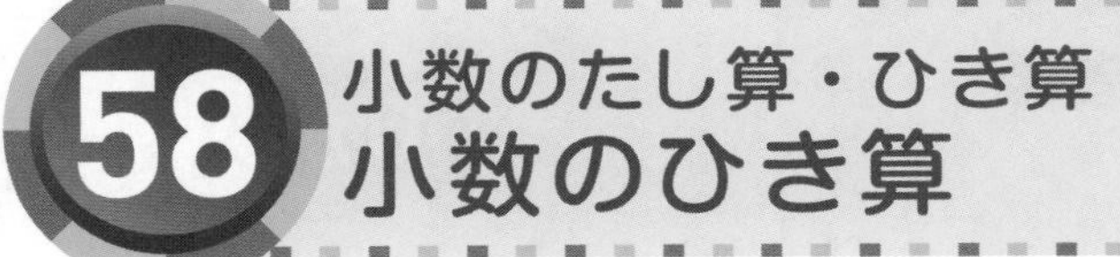

58 小数のたし算・ひき算 小数のひき算

▶▶▶答えはべっさつ15ページ

1：式20点・答え20点　2：式30点・答え30点

1 お茶が0.9L（はじめのかさ）ありました。そのうち，0.2L（飲んだかさ）飲みました。

お茶は何Lのこっていますか。（のこりのかさ）

0.1L　はじめ0.9L

0　飲んだ0.2L　[　　]←のこりのかさ　1(L)

[式]　[　　]（はじめのかさ）　－　[　　]（飲んだかさ）　＝　[　　]（のこりのかさ）

↑のこりのかさはひき算でもとめる

[答え]　[　　]　L

2 赤いリボンが1.8m（赤の長さ），青いリボンが0.6m（青の長さ）あります。

どちらが（長いほう）何m長いですか。（長いほうから短いほうをひいた長さ）

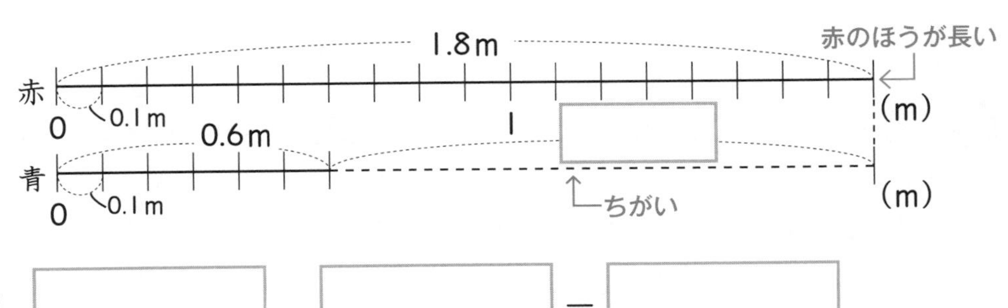

[式]　[　　]　－　[　　]　＝　[　　]

[答え]　[　　]　が　[　　]　m長い

59 小数のたし算・ひき算
小数のひき算

▶▶▶答えはべっさつ15ページ

点数　　点

1：式10点・答え10点　2，3：式20点・答え20点

1 テープが7.5m（はじめの長さ）ありました。何mか切り取ると，のこりが5.8m（のこりの長さ）になりました。切り取ったのは何mですか（はじめの長さとのこりの長さのちがい）。

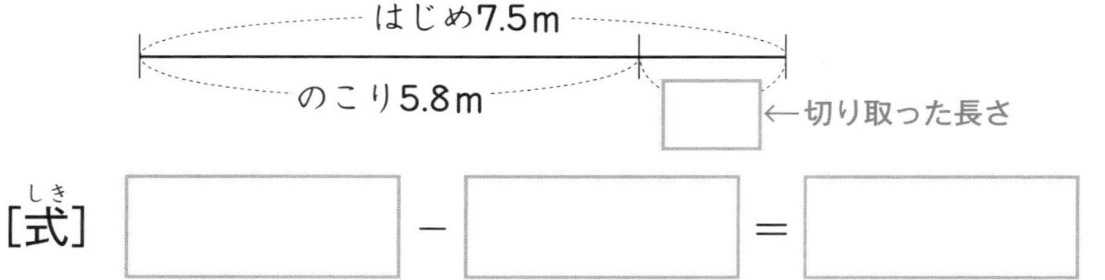

[式]　□ － □ ＝ □

[答え]　□ m

2 ジュースが2.5L（はじめのかさ）ありました。そのうち，0.5L（飲んだかさ）飲むと，何Lのこりますか（のこりのかさ）。

[式]　□ － □ ＝ □

[答え]　□ L

3 湯のみには2.3dL（湯のみのかさ），コップには3.2dL（コップのかさ）入ります。どちら（多いほう）の入れ物が何dL多く入りますか（ちがい）。

[式]　□ － □ ＝ □

[答え]　□ が □ dL多い

60 小数のたし算・ひき算
小数のひき算

▶▶▶答えはべっさつ16ページ

1～4：式15点・答え10点

1 しょう油(ゆ)が1.1Lありました。そのうち，0.2L使(つか)うと，のこりは何Lになりますか。

[式(しき)]

[答え]

2 大きいバケツには8.5L，小さいバケツには2Lの水が入っています。入っている水のかさのちがいは何Lですか。

[式]

[答え]

3 りんごジュースが1.9L，オレンジジュースが2.1Lあります。どちらが何L多いですか。

[式]

[答え]

4 はり金が9mありました。そのはり金を何mか切り取(と)ると，のこりが5.4mになりました。切り取った長さは何mですか。

[式]

[答え]

勉強した日　　月　　日

61 小数のたし算・ひき算
小数のたし算とひき算

りかい

▶▶▶答えはべっさつ16ページ

点数　　点

1：式20点・答え20点　2：式30点・答え30点

1 青いテープが1.4mあります。赤いテープは，青いテープより0.6m長いそうです。赤いテープの長さは，何mですか。

青の長さ（短いほう）　長い分　長いほう　短いほうの長さに長い分をたした長さ

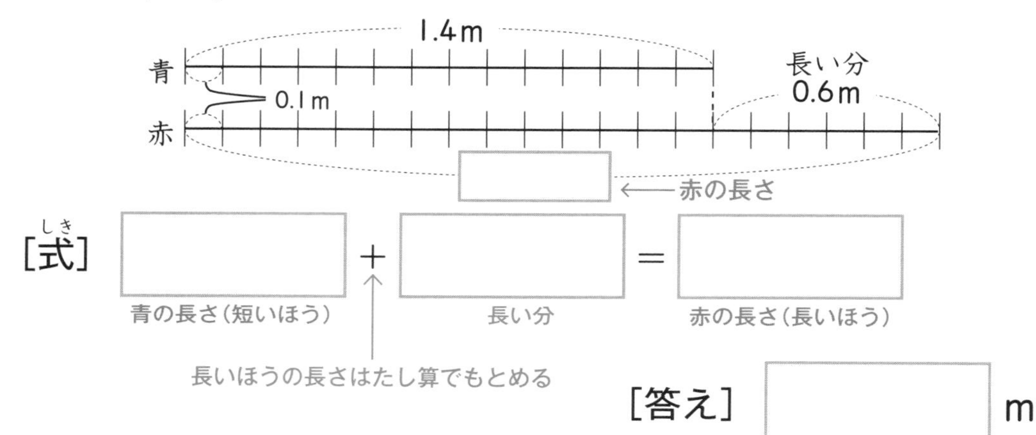

［式］　□ ＋ □ ＝ □

青の長さ（短いほう）　長い分　赤の長さ（長いほう）

長いほうの長さはたし算でもとめる

［答え］　□ m

2 水が，大きいバケツに1.5L入っています。小さいバケツには，大きいバケツより0.4L少ない水が入っています。小さいバケツの水は，何Lですか。

大のかさ　少ない分　少ないほう　多いほうのかさから少ない分をひいたかさ

1.5L
大
0.1L
小
少ない分0.4L
小のかさ

［式］　□ － □ ＝ □

大のかさ（多いほう）　少ない分　小のかさ（少ないほう）

少ないほうのかさはひき算でもとめる

［答え］　□ L

勉強した日　　月　　日

62 小数のたし算・ひき算
小数のたし算とひき算

▶▶▶答えはべっさつ16ページ

点数　　点

1：式10点・答え10点　2，3：式20点・答え20点

1 しょう油（ゆ）を0.2L（使った分）使（つか）ったら，のこりが1.3L（のこりのかさ）になりました。はじめにしょう油は何Lありましたか。（使った分とのこりのかさをあわせたかさ）

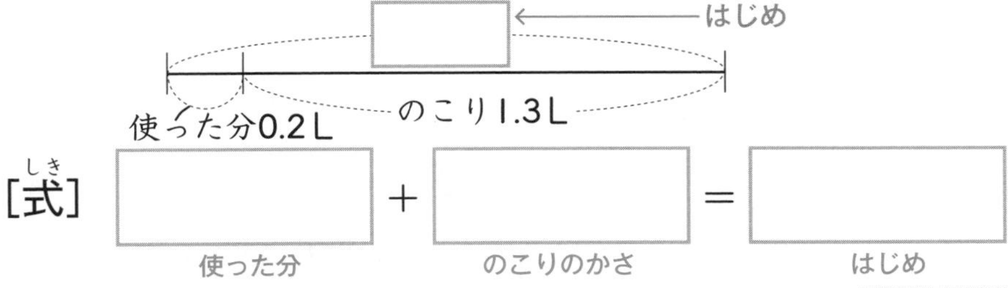

[式（しき）]　□（使った分）＋□（のこりのかさ）＝□（はじめ）

[答え]　□ L

2 水が8.5L（水そうのかさ）入る水そうがあります。今，この水そうに水が6.3L（入っているかさ）入っています。あと何L水を入れることができますか。（水そうのかさと入っているかさとのちがい）

水そう8.5L
入っている6.3L
←入れることができるかさ

[式]　□－□＝□

[答え]　□ L

3 ポットにお湯（ゆ）が2.3L（入っているかさ）入っています。りょう理に使う分に1.5L（のこす分のかさ）のこしておかなければなりません。使うことができるお湯は何Lですか。（入っているかさとのこす分のかさのちがい）

[式]　□－□＝□

[答え]　□ L

勉強した日　　月　　日

63 小数のたし算・ひき算
小数のたし算とひき算

▶▶▶答えはべっさつ16ページ

点

1①②，2，3：式15点・答え10点

1 お茶が，大きい水とうに1.4L，小さい水とうに0.6L入っています。

① あわせると，お茶は何Lありますか。

[式]

[答え]

② 大きい水とうには，小さい水とうより何L多くお茶が入っていますか。

[式]

[答え]

2 水がバケツに何Lか入っていました。その水を，3.5L使うと，バケツには2.8Lの水がのこりました。はじめにバケツにあった水は何Lでしたか。

[式]

[答え]

3 8mのリボンをお姉さんと妹で分けます。お姉さんのリボンの長さを4.3mにすると，妹のリボンの長さは何mになりますか。

[式]

[答え]

64 小数のたし算・ひき算

小数のたし算とひき算

練習

▶▶▶答えはべっさつ17ページ

1①～④：式15点・答え10点

点

1 赤のリボンが2.9mあります。青のリボンは，赤のリボンより1.3m長く，白のリボンは，赤のリボンより1.4m短（みじか）いそうです。

① 青のリボンの長さは何mですか。

[式（しき）]

[答え]

② 白のリボンの長さは何mですか。

[式]

[答え]

③ 青のリボンと白のリボンとでは，どちらが何m長いですか。

[式]

[答え]

④ 赤のリボン，青のリボン，白のリボンの長さをあわせると何mになりますか。

[式]

[答え]

65

小数のたし算・ひき算のまとめ

どこまで入っているかな？

▶▶▶ 答えはべっさつ17ページ

下の大，中，小の3このコップを使（つか）って，水をうつしかえてみたよ。さいごには，それぞれのコップの水はどれだけ入っているかな？

コップ

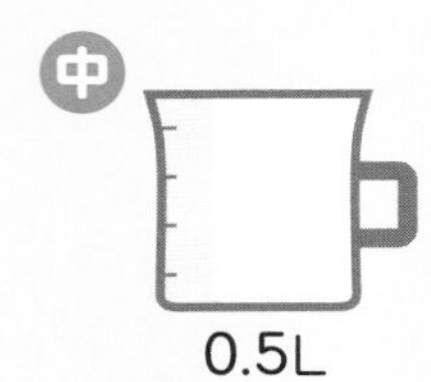

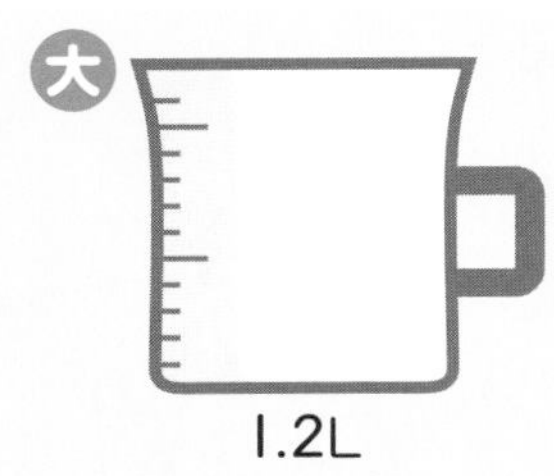

大のコップに水をいっぱい入れて

↓

大のコップの水を中のコップがいっぱいになるまでうつして

↓

中のコップの水を小のコップがいっぱいになるまでうつすと…。

入っている水のかさだけ色をぬろう

さいごは…

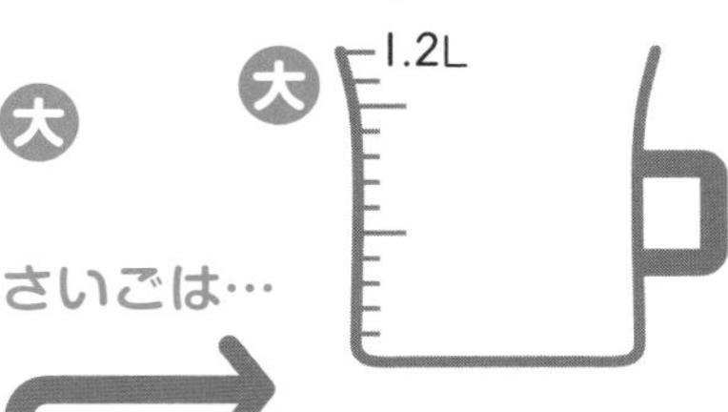

中　0.5L

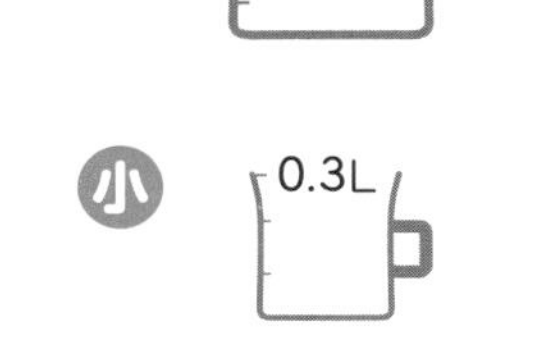

66 分数のたし算・ひき算
分数のたし算

▶▶▶答えはべっさつ17ページ

点数　　点

1：式20点・答え20点　2：式30点・答え30点

1 牛にゅうがパックに$\frac{3}{5}$L，びんに$\frac{1}{5}$L入っています。

パックのかさ　びんのかさ

牛にゅうは，あわせて何Lありますか。

パックのかさとびんのかさをあわせたかさ

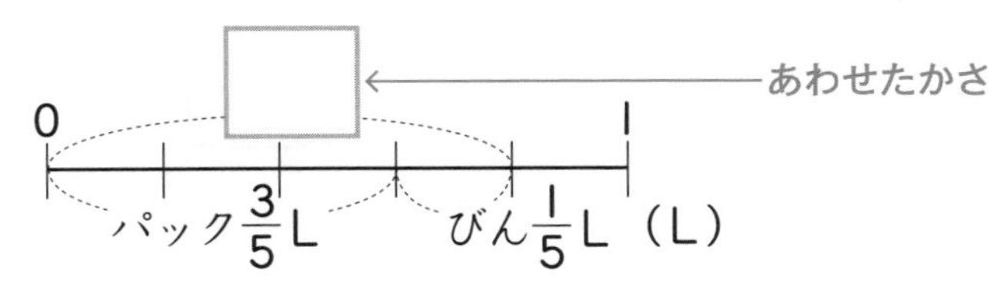

[式]　□ ＋ □ ＝ □

パックのかさ　びんのかさ　あわせたかさ

あわせたかさはたし算でもとめる

[答え]　□ L

2 赤いテープが$\frac{2}{8}$m，白いテープが$\frac{3}{8}$mあります。

赤の長さ　白の長さ

テープは，あわせて何mありますか。

赤の長さと白の長さをあわせた長さ

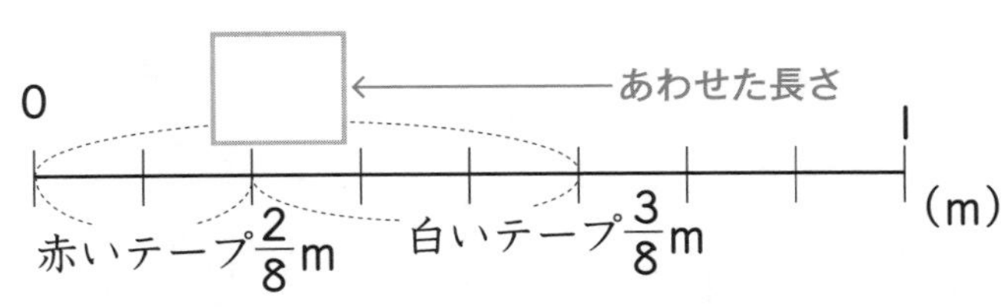

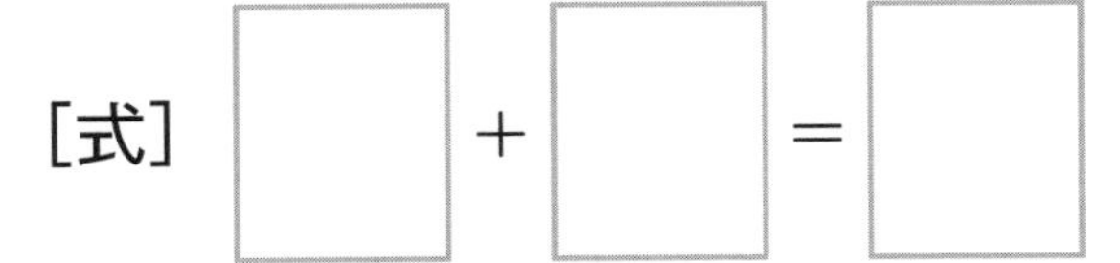

[式]　□ ＋ □ ＝ □

[答え]　□ m

分数のたし算・ひき算
分数のたし算

▶▶▶答えはべっさつ17ページ

点数　　点

1：式10点・答え10点　2，3：式20点・答え20点

1 バケツに，水が$\frac{3}{10}$L入っています。そこへ，水を$\frac{4}{10}$L入れると，全部(ぜんぶ)で何Lになりますか。

はじめのかさ　あとから入れたかさ　はじめのかさとあとから入れたかさをあわせたかさ

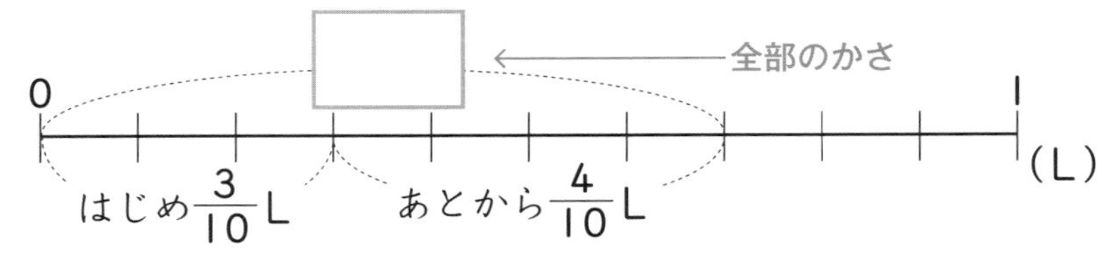

[式(しき)] □ ＋ □ ＝ □

[答え] □ L

2 水を，けんたさんは$\frac{2}{7}$L，お兄さんは$\frac{3}{7}$L運(はこ)びました。あわせて，何L運びましたか。

けんたさんのかさ　お兄さんのかさ　けんたさんのかさとお兄さんのかさをあわせたかさ

[式] □ ＋ □ ＝ □

[答え] □ L

3 大きいコップに$\frac{2}{3}$L，小さいコップに$\frac{1}{3}$L，水が入ります。あわせて何Lの水が入りますか。

大のかさ　小のかさ　大のかさと小のかさをあわせたかさ

[式] □ ＋ □ ＝ □ ＝ □　[答え] □ L

68 分数のたし算・ひき算 分数のたし算

▶▶▶答えはべっさつ17ページ

1～4：式15点・答え10点

1 お茶がポットに$\frac{2}{4}$L，やかんに$\frac{1}{4}$Lあります。お茶はあわせて何Lありますか。

[式]

[答え]

2 赤いペンキが$\frac{3}{6}$L，白いペンキが$\frac{2}{6}$Lあります。ペンキは，あわせて何Lありますか。

[式]

[答え]

3 はり金を，きのうは$\frac{2}{5}$m，今日は$\frac{3}{5}$m使いました。あわせて何m使いましたか。

[式]

[答え]

4 ジュースを，あきらさんは$\frac{3}{7}$L，としおさんは$\frac{4}{7}$L飲みました。2人あわせて何L飲みましたか。

[式]

[答え]

勉強した日　月　日

69 分数のたし算・ひき算
分数のひき算

▶▶▶答えはべっさつ18ページ

1：式20点・答え20点　2：式30点・答え30点

1 お茶が$\frac{5}{8}$Lあります。$\frac{1}{8}$L飲むと，のこりは何Lですか。

はじめのかさ　飲んだかさ　はじめのかさから飲んだかさをひいたかさ

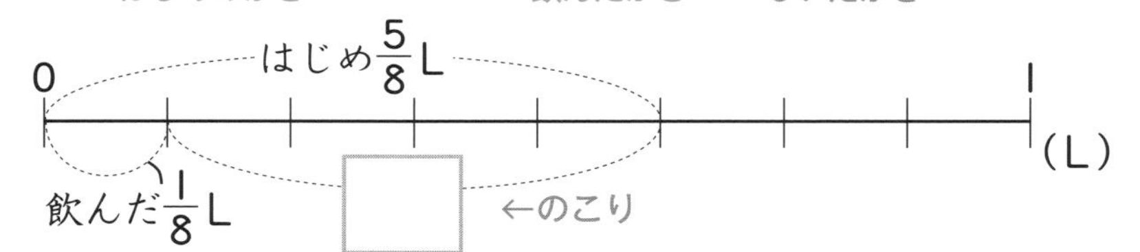

[式] □ − □ = □

はじめのかさ　飲んだかさ　のこり

のこりのかさはひき算でもとめる

[答え] □ L

2 赤いリボンが$\frac{8}{9}$m，青いリボンが$\frac{6}{9}$mあります。

赤の長さ　青の長さ

どちらのリボンが何m長いですか。

長いほう　長いほうから短いほうをひいた長さ

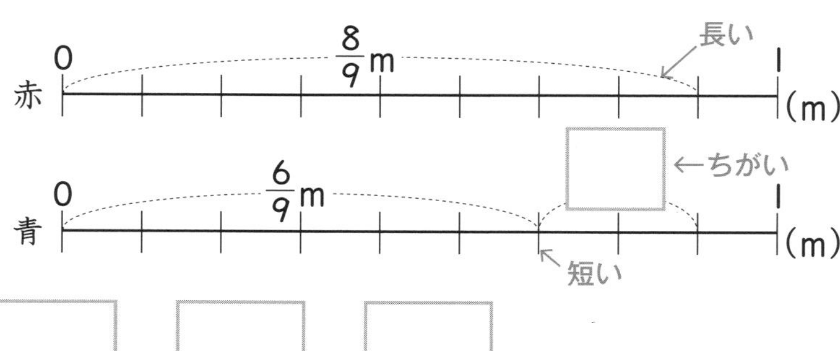

[式] □ − □ = □

[答え] □ リボンが □ m長い

70 分数のたし算・ひき算
分数のひき算

りかい

▶▶▶答えはべっさつ18ページ

点数　　点

1：式10点・答え10点　2，3：式20点・答え20点

1 長さが1mのはり金から，何mか切り取ると，のこりが$\frac{4}{5}$mになりました。切り取ったのは何mですか。

（1m：はじめの長さ）（$\frac{4}{5}$m：のこりの長さ）（切り取ったのは何m：はじめの長さとのこりの長さとのちがい）

0　はじめ1m　1　(m)

のこり$\frac{4}{5}$m

□←切り取った長さ

[式] □ − □ = □

[答え] □ m

2 しょう油が$\frac{5}{7}$Lあります。$\frac{2}{7}$L使うと，のこりは何Lですか。

（$\frac{5}{7}$L：はじめのかさ）（$\frac{2}{7}$L：使ったかさ）（のこりは何L：はじめのかさから使ったかさをひいたかさ）

[式] □ − □ = □

[答え] □ L

3 水が，大きいバケツに$\frac{5}{6}$L，小さいバケツに$\frac{4}{6}$Lあります。ちがいは何Lですか。

（$\frac{5}{6}$L：大のかさ（多いほう））（$\frac{4}{6}$L：小のかさ（少ないほう））（ちがいは何L：多いほうから少ないほうをひいたかさ）

[式] □ − □ = □

[答え] □ L

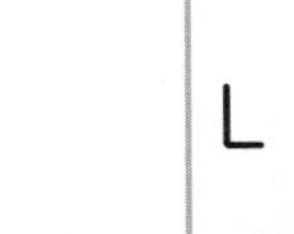

71 分数のたし算・ひき算 分数のひき算

▶▶▶答えはべっさつ18ページ

1～4：式15点・答え10点

1 ジュースが$\frac{3}{4}$Lあります。$\frac{1}{4}$L飲むと，のこりは何Lですか。

[式]

[答え]

2 1mのテープから$\frac{3}{10}$m切り取ると，のこりは何mですか。

[式]

[答え]

3 水が，大きいバケツに$\frac{7}{8}$L入っています。小さいバケツに$\frac{2}{8}$Lうつすと，大きいバケツの水は何Lになりますか。

[式]

[答え]

4 牛にゅうを，こうたさんは$\frac{3}{9}$L，あいさんは$\frac{2}{9}$L飲みました。どちらが何L多く飲みましたか。

[式]

[答え]

勉強した日　　月　　日

分数のたし算・ひき算
分数のたし算とひき算

▶▶▶答えはべっさつ18ページ

点

1：式20点・答え20点　**2**：式30点・答え30点

1 ペンキを$\frac{2}{5}$L使（つか）いました。まだ$\frac{1}{5}$Lのこっています。
（使ったかさ）（のこりのかさ）

ペンキは，はじめに何Lありましたか。
（使ったかさとのこりのかさをあわせたかさ）

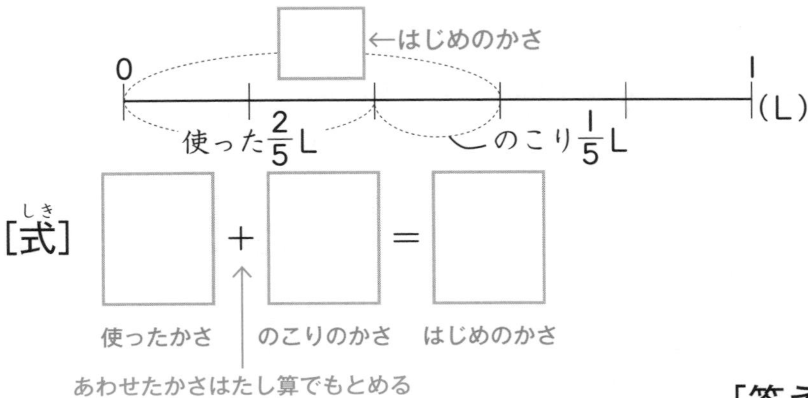

[答え]　□ L

2 1L入る水とうに，お茶が$\frac{1}{3}$L入っています。あと
（全体（ぜんたい）のかさ）（入っているかさ）

何L入れることができますか。
（入れることができるかさ）

0　全体1L　1 (L)

入っている$\frac{1}{3}$L

□←入れることができるかさ

[式]　□ － □ ＝ □

[答え]

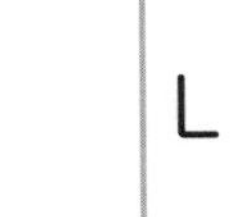

L

勉強した日　月　日

73 分数のたし算・ひき算
分数のたし算とひき算

りかい

▶▶▶答えはべっさつ19ページ

点数　　点

1①②：式15点・答え15点　2：式20点・答え20点

1 しょう油が1Lありました。きのう$\frac{1}{8}$L，今日$\frac{2}{8}$L使いました。

（はじめのかさ）（きのうのかさ）（今日のかさ）

① きのうと，今日，あわせて何L使いましたか。

（きのうのかさと今日のかさをあわせたかさ）

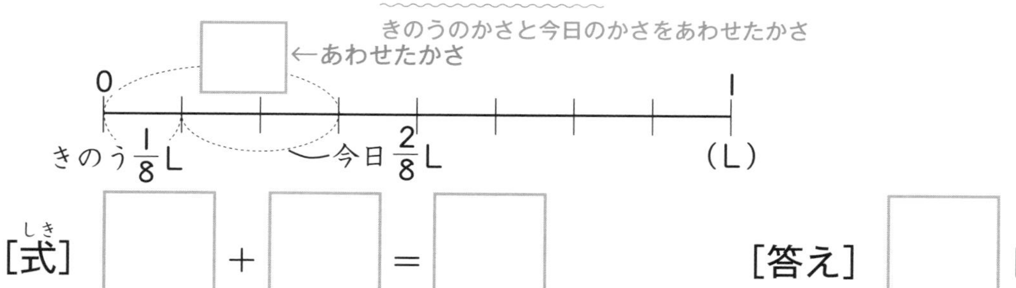

[式] □ ＋ □ ＝ □　　[答え] □ L

② しょう油は，何Lのこりましたか。

（はじめのかさから，使ったかさをひいたかさ）

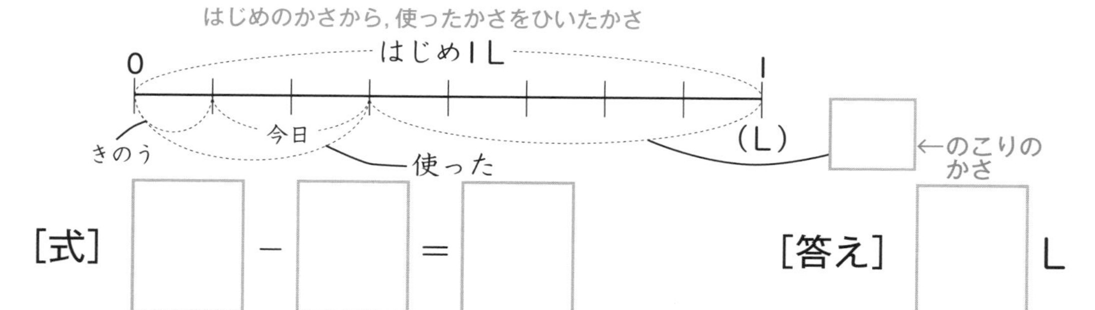

[式] □ － □ ＝ □　　[答え] □ L

2 $\frac{6}{9}$mのひもから，$\frac{2}{9}$mと$\frac{3}{9}$mの長さを切り取ると，のこりは何mになりますか。

（はじめの長さ）（切り取った長さ）（切り取った長さ）

（はじめの長さから切り取った長さの合計をひいた長さ）

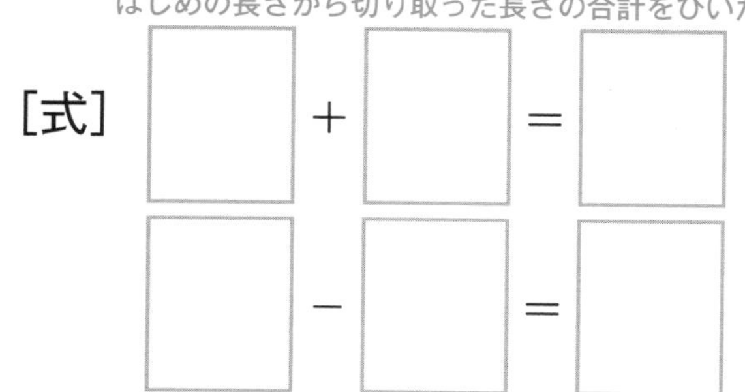

[式] □ ＋ □ ＝ □

□ － □ ＝ □

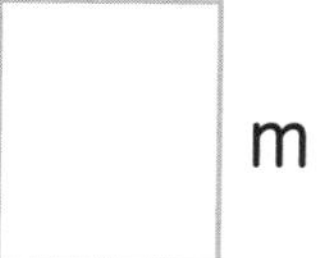

[答え] □ m

74 分数のたし算・ひき算
分数のたし算とひき算

▶▶▶答えはべっさつ19ページ

点

1①②, 2①②：式15点・答え10点

1 お茶がやかんに$\frac{5}{8}$L，ポットに$\frac{3}{8}$Lあります。

① あわせると何Lありますか。

[式(しき)]

[答え]

② ちがいは何Lですか。

[式]

[答え]

2 長さ1mのはり金から，まさとさんが$\frac{2}{7}$m，としきさんが$\frac{4}{7}$m切り取(と)りました。

① 2人あわせて何m切り取りましたか。

[式]

[答え]

② はり金は，何mのこりましたか。

[式]

[答え]

▶▶▶答えはべっさつ19ページ

点

1①②，2①②：式15点・答え10点

1 1L入るコップに，水を$\frac{7}{10}$L入れました。さらに，$\frac{2}{10}$L入れました。

① 水は，あわせて何L入れましたか。

[式(しき)]

[答え]

② コップには，あと何L入りますか。

[式]

[答え]

2 ジュースを，みほさんが$\frac{1}{5}$L，ゆきさんが$\frac{1}{5}$L飲(の)むとのこりは$\frac{3}{5}$Lになりました。

① 2人あわせて，何L飲みましたか。

[式]

[答え]

② ジュースは，はじめに何Lありましたか。

[式]

[答え]

勉強した日　　月　　日

76 分数のたし算・ひき算のまとめ
勝ったのはどちら？

▶▶▶答えはべっさつ20ページ

答えが正しいほうに○をつけよう。○が多いほうのチームが勝ち（か）だよ。どちらのチームが勝ったかな？

問題（もんだい）

▼ あいこさんチーム ▼　　　　▼ ゆうたさんチーム ▼

1回せん

1mを5等分（とうぶん）した3つ分の長さは何m？

（　　）

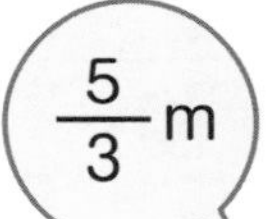

（　　）

2回せん

1mと $\frac{9}{10}$ mではどちらが長い？

（　　）

（　　）

3回せん

$\frac{1}{4}$ mと $\frac{2}{4}$ mをあわせた長さは何m？

（　　）

$\frac{3}{8}$m

（　　）

勝ったのは［　　　　］さんチーム

時こくと時間
時こくと時間のもとめ方

▶▶▶答えはべっさつ20ページ

点

1：考え方25点・答え25点　**2**：答え50点

1 家を7時50分に出て，30分歩くと学校に着きました。
（出た時こく）（かかった時間）

着いた時こくは何時何分ですか。
（着いた時こく）

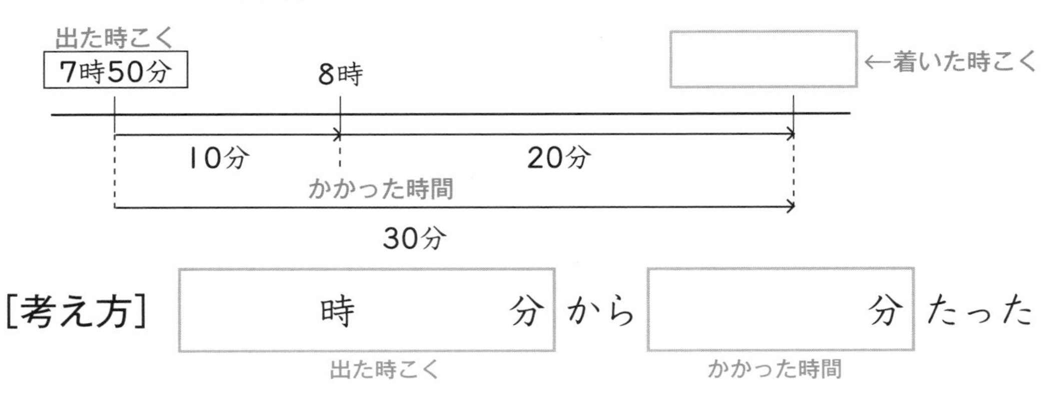

[考え方] □時□分から □分 たった
（出た時こく）（かかった時間）

時こくをもとめる。

[答え] □時□分

2 学校を出て，40分歩いて，図書館に11時10分に着きました。学校を出た時こくは何時何分ですか。
（かかった時間）（着いた時こく）（出た時こく）

□←出た時こく　11時　着いた時こく 11時10分
30分　10分
かかった時間
40分

[答え] □時□分

78 時こくと時間
時こくと時間のもとめ方

▶▶▶答えはべっさつ20ページ

点数　　点

1 :式20点・答え20点　2 :答え20点　3 :式20点・答え20点

1 かた足で立っていられる時間をはかりました。みきさんは95秒（みきさんの時間），まさしさんは108秒（まさしさんの時間）でした。どちらが何秒長く立っていましたか（時間のちがい）。

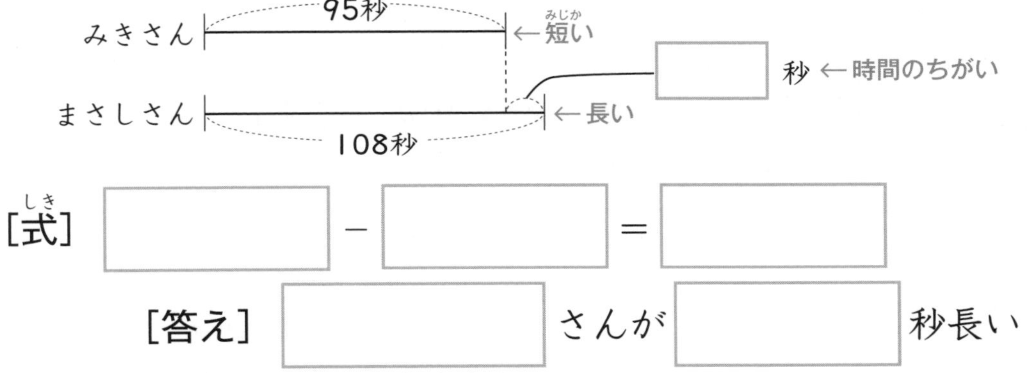

[式] □ － □ ＝ □

[答え] □ さんが □ 秒長い

2 午後2時20分（始めた時こく）から午後3時10分（終わった時こく）までサッカーをしました。サッカーをしていた時間は何分（午後2時20分から午後3時10分までの時間）ですか。

[答え] □ 分

3 午前に50分（午前の時間），午後に30分（午後の時間）勉強しました。あわせて何時間何分（午前と午後の時間をあわせた時間）勉強しましたか。

[式] □ ＋ □ ＝ □

□ 分＝ □ 時間 □ 分

[答え] □ 時間 □ 分

79 時こくと時間
時こくと時間のもとめ方

▶▶▶答えはべっさつ20ページ

1～4：答え25点

1 午前8時40分に家を出て，1時間50分かかっておじさんの家に行きました。おじさんの家に着(つ)いたのは午前何時何分ですか。

[答え]

2 家から学校まで歩くのに25分かかります。午前8時10分に着くには，家を午前何時何分に出なければなりませんか。

[答え]

3 あゆみさんは，午後3時55分から午後5時20分までピアノの練習(れんしゅう)をしました。練習していたのは何時間何分ですか。

[答え]

4 午前10時40分から午後4時まで動物園(どうぶつえん)にいました。動物園にいたのは何時間何分でしたか。

[答え]

80 時こくと時間
時こくと時間のもとめ方

▶▶▶答えはべっさつ21ページ
1～4：式15点・答え10点

点数　　点

1 おばあさんの家までは，電車に1時間45分乗ったあと，バスに35分乗りました。電車とバスに乗った時間は，あわせて何時間何分ですか。

[式]

[答え]

2 池のまわりを走るのに，たけしさんは80秒，かよさんは110秒かかりました。どちらが何秒多くかかりましたか。

[式]

[答え]

3 家から本屋まで18分で歩きました。帰りは，行きよりも2分多くかかりました。帰りにかかった時間は何分でしたか。

[式]

[答え]

4 家から15分歩いて公園へ行きました。公園で90分遊んだあと，20分歩いて家にもどりました。家を出てからもどるまで，何時間何分かかりましたか。

[式]

[答え]

81 長さ 長さのもとめ方

▶▶▶答えはべっさつ21ページ

1：式20点・答え20点　2：式30点・答え30点

1 家からポストまでは600m，ポストから学校までは750mあります。家からポストの前を通って，学校までの道のりは何mですか。

家からポストまでの道のり
ポストから学校までの道のり
家からポストまでとポストから学校までの道のりをあわせた長さ

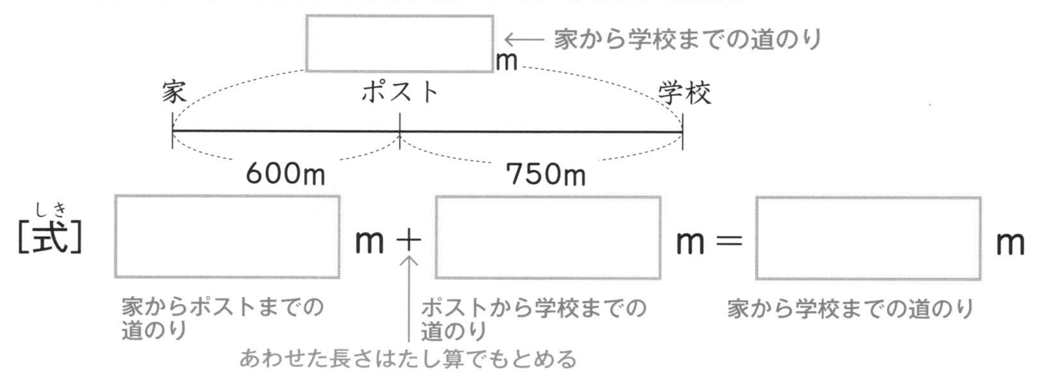

[式（しき）] ☐ m ＋ ☐ m ＝ ☐ m

家からポストまでの道のり　ポストから学校までの道のり　家から学校までの道のり
あわせた長さはたし算でもとめる

[答え] ☐ m

2 家から駅（えき）までの間に本屋（ほんや）があります。家から本屋までは500m，家から駅までは1km400mです。本屋から駅まではは何mありますか。

家から本屋までの道のり
家から駅までの道のり
家から駅までの道のりから，家から本屋までの道のりをひいた長さ

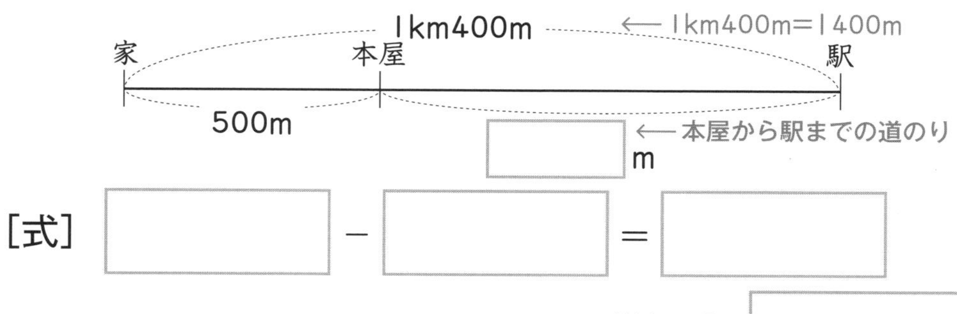

[式] ☐ － ☐ ＝ ☐

[答え] ☐ m

勉強した日　　月　　日

82 長さ 長さのもとめ方

▶▶▶答えはべっさつ21ページ

点数　　点

1：式10点・答え10点　2，3：式20点・答え20点

1 駅から2kmはなれた図書館に向かって歩いています。（全体の道のり）これまでに680m（歩いた道のり）歩きました。あと何km何m（のこりの道のり）ありますか。

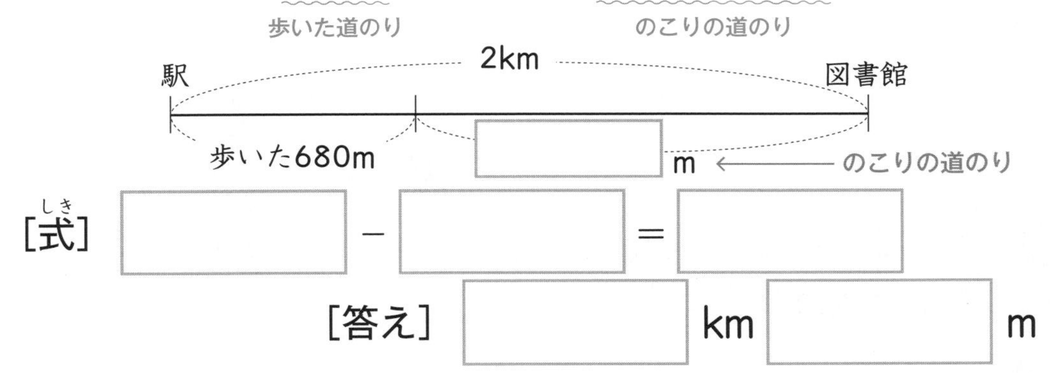

[式]　□ － □ ＝ □

[答え]　□ km □ m

2 家から公園までは850m（家から公園までの道のり），公園から交番までは200m（公園から交番までの道のり）あります。家から公園の前を通って，交番までの道のりは何mですか。また，何km何mですか。（家から公園までと公園から交番までの道のりをあわせた長さ）

[式]　□ ＋ □ ＝ □

□ m ＝ □ km □ m

[答え]　□ m，□ km □ m

3 3km（全体の長さ）のマラソンをしています。これまで2km300m（走った長さ）走りました。ゴールまで，あと何m（のこりの長さ）ありますか。

[式]　□ － □ ＝ □

[答え]　□ m

83 長さ 長さのもとめ方

▶▶▶答えはべっさつ21ページ

1, 2, 3①②：式15点・答え10点

1 きのうは700m，今日は800m歩きました。あわせて何m歩きましたか。

[式(しき)]

[答え]

2 たけるさんは1200m，お兄さんは2km走りました。どちらが何m長く走りましたか。

[式]

[答え]

3 駅(えき)から交番まで840m，交番から図書館(としょかん)までは2km360mあります。

① 駅から交番の前を通って，図書館までの道のりは何km何mですか。

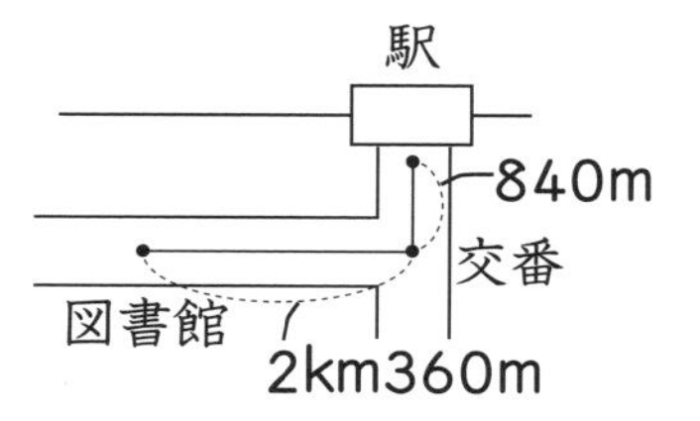

[式]

[答え]

② 交番から図書館までは，交番から駅までより，何km何m遠いですか。

[式]

[答え]

84 長さ
長さのもとめ方

▶▶▶答えはべっさつ22ページ

1, 2, 3①②：式15点・答え10点

1 家と学校の間にポストがあります。家からポストまで920m，家から学校までは2km160mです。ポストから学校までは何km何mありますか。

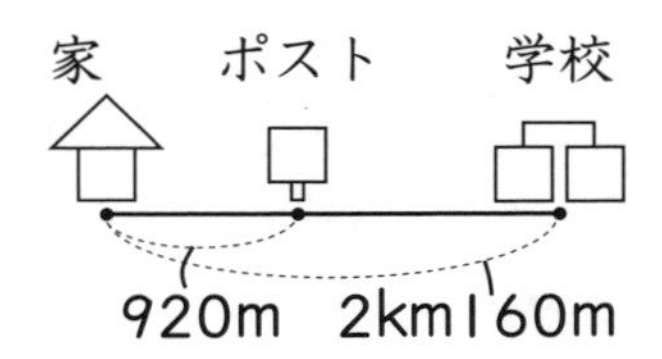

[式(しき)]

[答え]

2 家から5kmはなれた海へ車で向(む)かっています。海まであと1km700mあるそうです。これまで，何km何m走りましたか。

[式]

[答え]

3 右の地図のように，駅(えき)から学校までは600m，学校から家までは900m，家から図書館(としょかん)までは1km200mです。

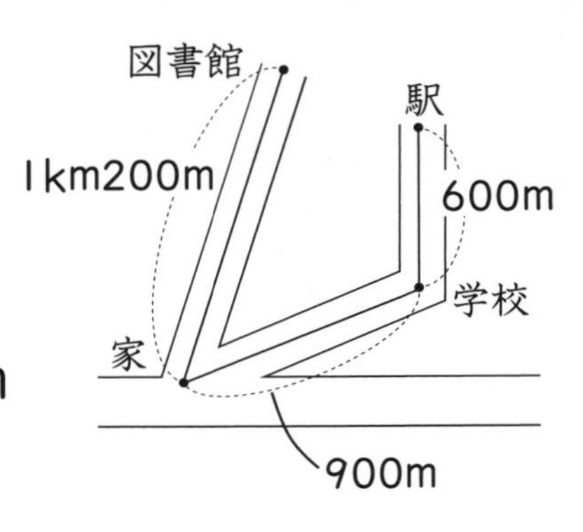

① 駅から家までの道のりは，何km何mですか。

[式]

[答え]

② 駅から家までの道のりと，家から図書館までの道のりのちがいは何mですか。

[式]

[答え]

85 重さ 重さのもとめ方

▶▶▶答えはべっさつ22ページ

点数 点

1:式20点・答え20点 2:式30点・答え30点

1 重さ200gのかごに，りんごを700g入れます。全体の重さは何gになりますか。

かごの重さ　りんごの重さ　かごとりんごをあわせた重さ

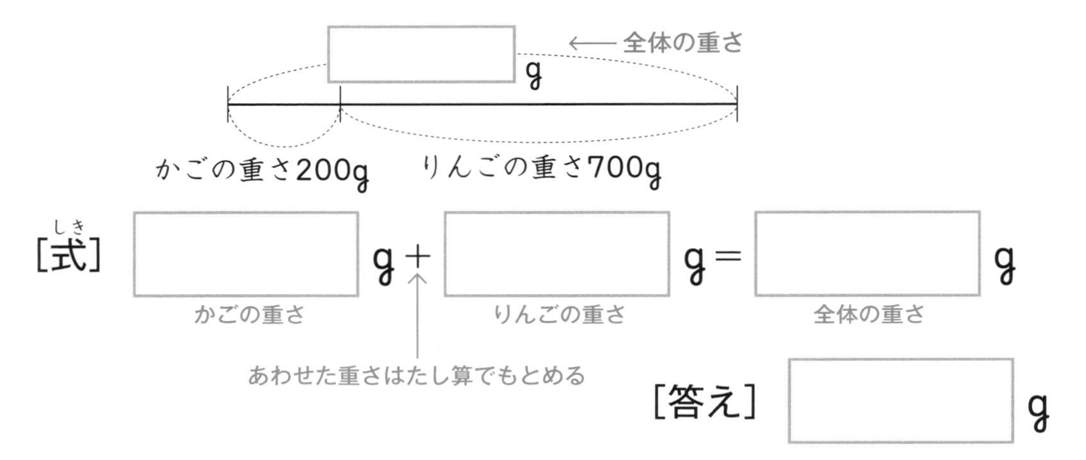

[式] □g＋□g＝□g

かごの重さ　りんごの重さ　全体の重さ

あわせた重さはたし算でもとめる

[答え] □g

2 体重が50kgのお母さんが，赤ちゃんをだいてはかると，54kgになりました。赤ちゃんの体重は何kgですか。

お母さんの体重

お母さんと赤ちゃんの体重をあわせた重さ

あわせた重さから，お母さんの体重をひいた重さ

お母さんと赤ちゃん54kg

お母さん50kg

□ ← 赤ちゃんの体重

[式] □－□＝□

[答え] □kg

86 重さ 重さのもとめ方

りかい

▶▶▶答えはべっさつ22ページ

点数 点

1：式10点・答え10点　2，3：式20点・答え20点

1 さとうが1kgありました。150g使うと，のこりは何gになりますか。1kg=1000gです。

（はじめの重さ／使った重さ／のこりの重さ）

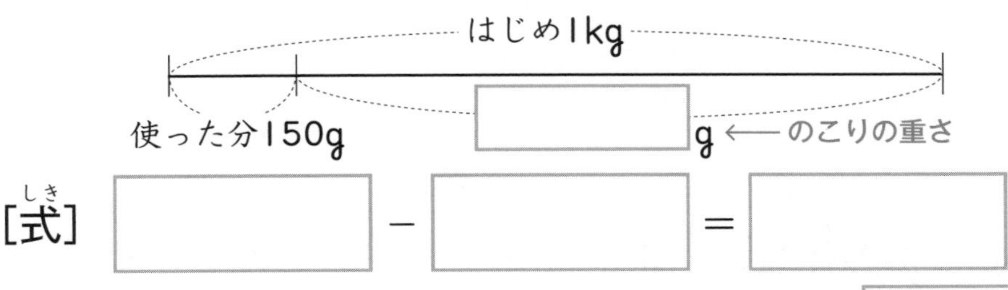

[式] □ − □ = □

[答え] □ g

2 たくみさんの家の犬の去年の体重は6kg200gでした。1年間で1kg600gふえました。今の体重は何kg何gですか。

（去年の体重／ふえた重さ／去年の体重とふえた重さをあわせた重さ）

[式] □ + □ = □

[答え] □ kg □ g

3 1tの荷物と，980kgの荷物の重さのちがいは何kgですか。1t=1000kgです。

（重いほうの重さ／軽いほうの重さ／重いほうから軽いほうをひいた重さ）

[式] □ − □ = □

[答え] □ kg

87 重さ 重さのもとめ方

▶▶▶答えはべっさつ22ページ

点数　　点

1～4：式15点・答え10点

1 みかんが600g，りんごが900gあります。あわせて何gですか。

[式]

[答え]

2 ひろしさんの体重(たいじゅう)は28kg500g，ただしさんの体重は26kg900gです。ちがいは何kg何gですか。

[式]

[答え]

3 重(おも)さ800gのかばんに，1kg250gの本を入れました。全体(ぜんたい)の重さは何kg何gになりますか。

[式]

[答え]

4 重さ250gの入れ物(もの)に，さとうを入れてはかると，1kg60gでした。入れたさとうの重さは何gですか。

[式]

[答え]

88 重さ 重さのもとめ方

▶▶▶答えはべっさつ23ページ

1～4：式15点・答え10点

1 米を10kg買いました。今，8kg320gのこっています。食べたのは何kg何gですか。

[式(しき)]

[答え]

2 としおさんの体重(たいじゅう)は30kgです。弟の体重は，としおさんの体重より4kg800g軽(かる)いです。弟の体重は何kg何gですか。

[式]

[答え]

3 2tまで荷物(にもつ)をつめるトラックに，1t300kgの荷物をつみました。荷物をあと何kgつむことができますか。

[式]

[答え]

チャレンジ

4 1この重(おも)さが350gのかんづめを6こ，重さ200gの箱(はこ)に入れました。全体(ぜんたい)の重さは何kg何gになりますか。

[式]

[答え]

勉強した日　　月　　日

89 □を使った式
□を使ったたし算・ひき算の式

りかい

▶▶▶答えはべっさつ23ページ

点数　　点

1①②，2①②：各25点

1 公園で子どもが23人遊んでいます。あとから，何人か来たので，子どもはみんなで30人になりました。

はじめの人数　あとから来た人数　みんなの人数

① あとから来た人数を□人として，たし算の式に表しましょう。

わからない数

はじめ23人　□人←あとから来た人数　みんなで30人

[　　] ＋□＝ [　　]

はじめの人数　あとから来た人数　みんなの人数

② □にあてはまる数をもとめましょう。

「たす数」はひき算でもとめる

□＝ [　　] － [　　] ＝ [　　]

あとから来た人数　みんなの人数　はじめの人数　答え

2 おはじきを何こか持っていました。16こもらったので，全部で65こになりました。

はじめの数　もらった数　全部の数

① はじめの数を□ことして，たし算の式に表しましょう。

わからない数　はじめの数＋もらった数＝全部の数

□こ←はじめの数　もらった16こ　全部で65こ

[　　]

② □にあてはまる数をもとめましょう。

□＝ [　　] － [　　] ＝ [　　]

90 □を使った式
□を使ったたし算・ひき算の式

りかい

1①②，2①②：各25点

1 色紙を何まいか持(も)っていました。そのうち，23まい使(つか)うと，のこりは56まいになりました。

（はじめの数：何まいか　使った数：23まい　のこりの数：56まい）

① はじめに持っていた色紙を□まいとして，ひき算の式(しき)に表(あらわ)しましょう。

（わからない数：はじめに持っていた色紙を□まい）

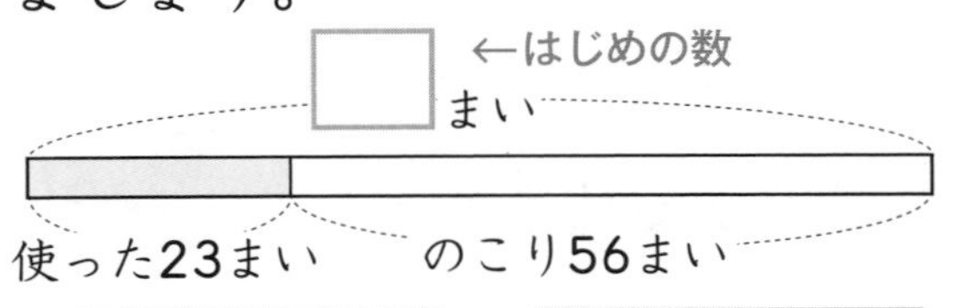

［式］□－［　　］＝［　　］

（はじめの数　使った数　のこりの数）

② □にあてはまる数をもとめましょう。

「ひかれる数」はたし算でもとめる

□＝［　　］＋［　　］＝［　　］

（はじめの数　のこりの数　使った数　答え）

2 いちごが34こありました。何こか食べると，のこりは28こになりました。

（はじめの数：34こ　食べた数：何こか　のこりの数：28こ）

① 食べた数を□ことして，ひき算の式に表しましょう。

（わからない数：食べた数）

はじめの数－食べた数＝のこりの数

［　　　　］

② □にあてはまる数をもとめましょう。

□＝［　　］－［　　］＝［　　］

91 □を使った式 □を使ったたし算・ひき算の式

▶▶▶答えはべっさつ23ページ

点数　　点

1①, 2①：式10点　1②, 2②：式20点・答え20点

1 重(おも)さ200gのかごに，りんごを入れて重さをはかると，800gありました。

① かごの重さ，りんごの重さ，全体(ぜんたい)の重さを使(つか)って，全体の重さをもとめることばの式(しき)をつくりましょう。

(　　　　　　　　　　　　　　　　　　　　　　　　)

② ①でつくったことばの式で，わからない数を□として，式に表(あらわ)し，□にあてはまる数をもとめましょう。

[式]

[答え]

2 何円かの本を買って，1000円を出すと，おつりが320円でした。

① 本のねだん，出したお金，おつりを使って，おつりをもとめることばの式をつくりましょう。

(　　　　　　　　　　　　　　　　　　　　　　　　)

② ①でつくったことばの式で，わからない数を□として，式に表し，□にあてはまる数をもとめましょう。

[式]

[答え]

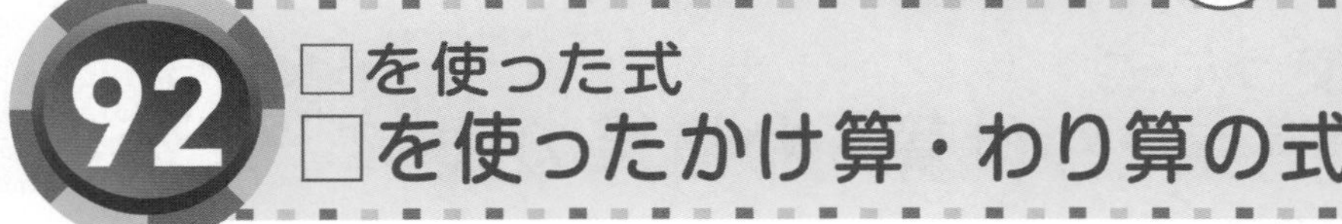

□を使った式
□を使ったかけ算・わり算の式

▶▶▶答えはべっさつ24ページ

点

1①②，2①②：各25点

1 みかんを同じ数ずつふくろに入れます。5つのふくろに入れると，全部で30こ入れることができます。

（1ふくろのみかんの数）（ふくろの数）（全部の数）

① 1ふくろのみかんの数を□ことして，かけ算の式に表しましょう。

（わからない数）

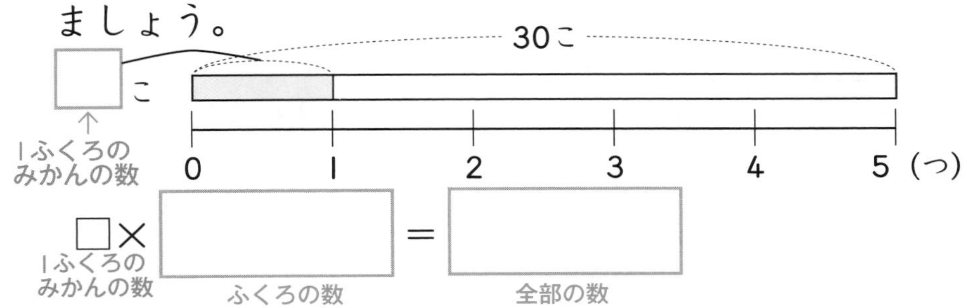

□×［　　］＝［　　］

（1ふくろのみかんの数）（ふくろの数）（全部の数）

② □にあてはまる数をもとめましょう。

「かけられる数」はわり算でもとめる

□＝［　　］÷［　　］＝［　　］

（1ふくろのみかんの数）（全部の数）（ふくろの数）（答え）

2 長いすが何きゃくかあります。1つの長いすに4人ずつすわると，全部で36人すわることができます。

（長いすの数）（1きゃく分の人数）（全部の人数）

① 長いすの数を□きゃくとして，かけ算の式に表しましょう。

（わからない数）（1きゃく分の人数×長いすの数＝全部の人数）

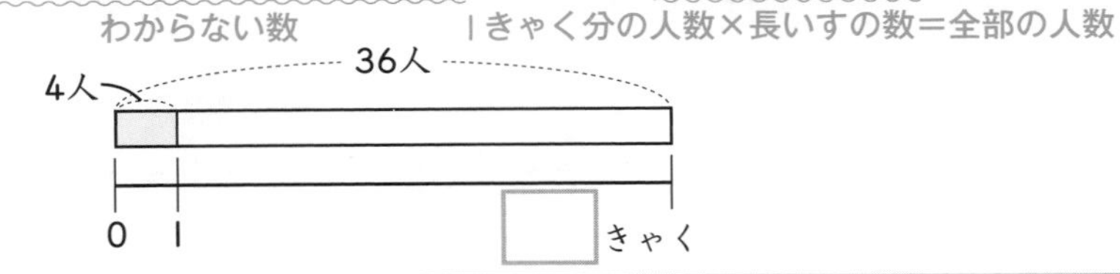

［　　　　］

② □にあてはまる数をもとめましょう。

□＝［　　］÷［　　］＝［　　］

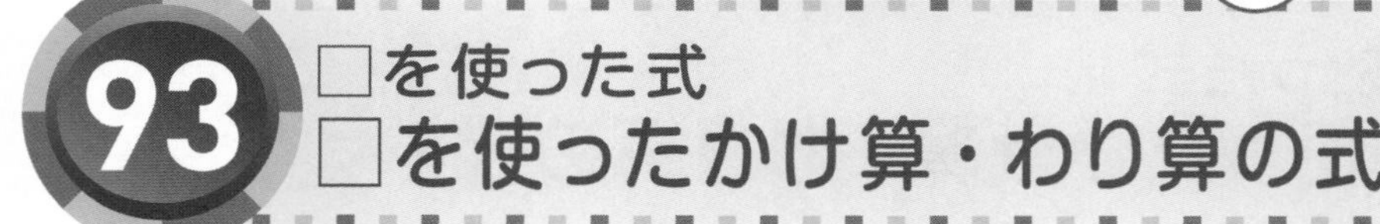

▶▶▶答えはべっさつ24ページ

1①②，2①②：各25点

1 35このクッキーを何人かで同じ数ずつ分けると，1人分が7こになりました。

（35こ：全部の数　何人か：人数　7こ：1人分の数）

① 分けた人数を□人として，わり算の式に表しましょう。

（分けた人数：わからない数）

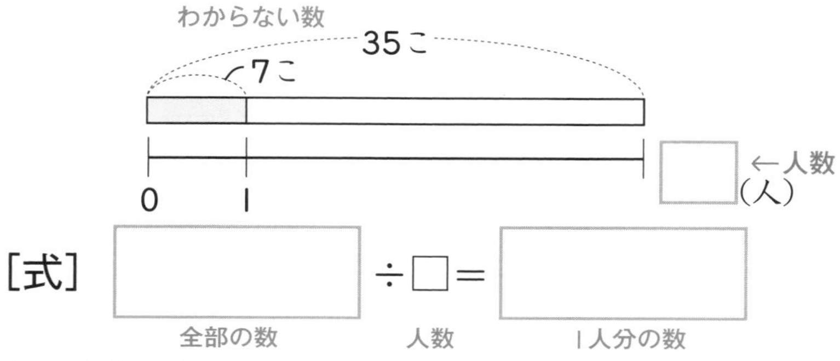

[式]　［　　］÷□＝［　　］

全部の数　人数　1人分の数

② □にあてはまる数をもとめましょう。

「わる数」はわり算でもとめる

□＝［　　］÷［　　］＝［　　］

人数　全部の数　1人分の数　答え

2 何まいかの画用紙を，4人で同じ数ずつ分けると，1人分は8まいでした。

（何まいかの画用紙：はじめにあった画用紙の数　4人：人数　8まい：1人分の数）

① はじめにあった画用紙の数を□まいとして，わり算の式に表しましょう。

（はじめにあった画用紙の数：わからない数）

はじめにあった画用紙の数÷人数＝1人分の数

［　　　　］

② □にあてはまる数をもとめましょう。

□＝［　　］×［　　］＝［　　］

「わられる数」はかけ算でもとめる

94 □を使った式 □を使ったかけ算・わり算の式

▶▶▶答えはべっさつ24ページ

点数　　点

1①，2①：式10点　1②，2②：式20点・答え20点

1 画用紙を4まい買って，80円はらいました。

① [1まいのねだん]，[まい数]，[代金]を使って，代金をもとめることばの式をつくりましょう。

(　　　　)

② ①でつくったことばの式で，わからない数を□として，式に表し，□にあてはまる数をもとめましょう。

[式]

[答え]

2 長さが18mのテープを同じ長さになるように何本かに分けると，1本分が3mになりました。

① [全体の長さ]，[本数]，[1本分の長さ]を使って，1本分の長さをもとめることばの式をつくりましょう。

(　　　　)

② ①でつくったことばの式で，わからない数を□として，式に表し，□にあてはまる数をもとめましょう。

[式]

[答え]

勉強した日　　月　　日

95

□を使った式のまとめ

どんなことばができるかな？

答えはべっさつ24ページ

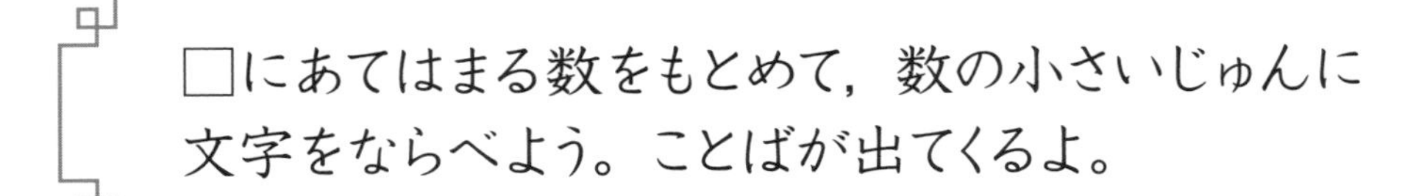
□にあてはまる数をもとめて，数の小さいじゅんに文字をならべよう。ことばが出てくるよ。

ば　95 ＋ □ ＝105

く　20 ÷ □ ＝ 5

よ　10 − □ ＝ 8

っ　□ ÷ 3 ＝ 4

ね　□ ＋ 32 ＝ 50

が　□ × 9 ＝ 45

ん　16 ÷ □ ＝ 2

た　□ − 6 ＝ 9

小学算数 文章題の正しい解き方ドリル

答えとおうちのかた手引き

1 整数のたし算とひき算 3・4けたの数のたし算 りかい

本さつ2ページ

1 本のねだん 525 ノートのねだん 140
代金 665 ［答え］665円

2 ［式］263＋384＝647 ［答え］647まい
（263：赤い色紙の数　384：青い色紙の数　647：全部の数）

ポイント

1「代金」は，買ったもののねだんをたしてもとめます。
2「全部で何まい」かをもとめるときは，たし算をします。

2 整数のたし算とひき算 3・4けたの数のたし算 りかい

本さつ3ページ

1 ［式］196＋28＝224 ［答え］224まい
（196：はじめの数　28：もらった数　224：全部の数）

2 ［式］75＋130＝205 ［答え］205円
（75：パンのねだん　130：ジュースのねだん　205：代金）

3 ［式］858＋142＝1000 ［答え］1000円
（858：はじめの金がく　142：ふえた分　1000：あわせた金がく）

ポイント

3「全部で何円」かをもとめるので，はじめの金がく「858円」にふえた分の「142円」をたします。わかりにくいときは，図にかいてみましょう。

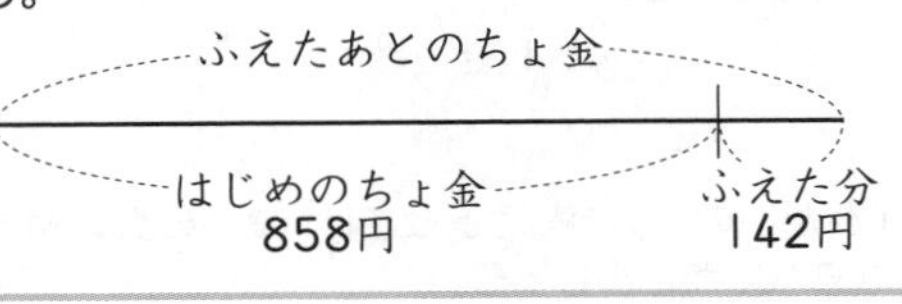

3 整数のたし算とひき算 3・4けたの数のたし算 練習

本さつ4ページ

1 ［式］589＋496＝1085 ［答え］1085人

2 ［式］3980＋1560＝5540 ［答え］5540円

3 ［式］2750＋350＝3100 ［答え］3100こ

4 ［式］1075＋48＝1123 ［答え］1123人

ポイント

1「あわせて何人」なので，男子の人数「589人」と女子の人数「496人」をたします。
2「代金」をもとめるので，服のねだん「3980円」とかばんのねだん「1560円」をたします。
3「全部で何こ」かをもとめるので，はじめの「2750こ」に，ふえた分の「350こ」をたします。
4 きのうの入館者数「1075人」に，ふえた分の「48人」をたします。

4 整数のたし算とひき算 3・4けたの数のひき算

本さつ5ページ

1 はじめの数 254 使った数 132
のこりの数 122 ［答え］122まい

2 ［式］380－145＝235 ［答え］235円
（380：ケーキのねだん　145：プリンのねだん　235：ねだんのちがい）

ポイント

「のこり」の数や「ちがい」の数をもとめるときは，ひき算をします。

5 整数のたし算とひき算 3・4けたの数のひき算

▶▶▶ 本さつ6ページ

1 [式] 318－25＝293 [答え] 293本
（赤い花の数　少ない分の数　黄色い花の数）

2 [式] 1000－525＝475 [答え] 475円
（出した金がく　筆箱のねだん　のこりの金がく）

3 [式] 908－879＝29
（女子の人数　男子の人数　人数のちがい）
[答え] 女子が29人多い

ポイント

1 「少ないほうの数」をもとめるときは，多いほうの数から少ない分の数だけひいてもとめます。
3 「人数のちがい」をもとめるので，女子の人数「908人」から，男子の人数「879人」をひきます。数のちがいをもとめるときは，どちらの数が大きいかをたしかめてから，ひき算の式を書きましょう。

6 整数のたし算とひき算 3・4けたの数のひき算

練習

▶▶▶ 本さつ7ページ

1 [式] 320－94＝226 [答え] 226ページ
2 [式] 860－436＝424 [答え] 424人
3 [式] 1620－1045＝575
[答え] さくらの木が575本多い
4 [式] 4800－450＝4350 [答え] 4350円

ポイント

1 「320ページ」が本全体のページ数，「94ページ」が読んだページ数なので，のこりのページ数は，320から94をひきます。
2 「860人」が全部の人数，「436人」が男子の人数なので，女子の人数は，860から436をひきます。
3 「1045本」がうめの木の本数，「1620本」がさくらの木の本数です。さくらの木の数のほうが多いので，1620から1045をひきます。
4 「4800円」がいつもの米のねだん，「450円」が安くなった分なので，今日の米のねだんは4800から450をひきます。

7 整数のたし算とひき算 3・4けたの数のたし算とひき算

りかい

▶▶▶ 本さつ8ページ

1 ① えん筆のねだん 90
ノートのねだん 150 代金 240
[答え] 240円

② 持っているお金 500
買い物の代金 240 おつり 260
[答え] 260円

ポイント

問題の文をよく読んで，たし算をするかひき算をするかを考えましょう。
「代金」はたし算で，「おつり」はひき算でもとめます。

8 整数のたし算とひき算 3・4けたの数のたし算とひき算

りかい

▶▶▶ 本さつ9ページ

1 ① [式] 1800 － 950 ＝ 850
（お姉さんのちょ金　あきこさんのちょ金　ちがい）
[答え] お姉さんが850円多い

② [式] 950 ＋ 1800 ＝ 2750
（あきこさんのちょ金　お姉さんのちょ金　あわせた金がく）
[答え] 2750円

③ [式] 3000 － 2750 ＝ 250
（プレゼントのねだん　2人のちょ金をあわせた金がく　プレゼントのねだんと2人のちょ金とのちがい）
[答え] 250円

ここが ニガテ

たし算をするかひき算をするかまちがえそうなときは，図にかいて考えましょう。「あわせた数」を考えるときは，2つの数の線を横につなげた図をかきましょう。

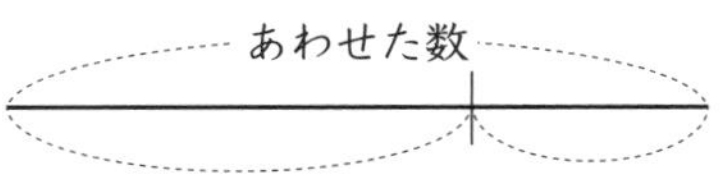

「ちがいの数」を考えるときは，2つの数の線をならべてかきましょう。

ちがいの数

9 整数のたし算とひき算 3・4けたの数のたし算とひき算

▶▶▶ 本さつ10ページ

1 ① [式] 120＋90＝210 [答え] 210まい

② [式] 360－210＝150 [答え] 150まい

2 ① [式] 165＋45＝210 [答え] 210こ

② [式] 165＋210＝375 [答え] 375こ

ポイント

1 ①「あわせて何まい」なので，ゆうこさんが使う色紙のまい数「120まい」と妹が使う色紙のまい数「90まい」をたします。

②「のこり」のまい数をもとめるので，色紙全部のまい数「360まい」から，2人が使うまい数210まいをひきます。

2 ①まことさんのこ数「165こ」に，多く拾った分の「45こ」をたすと，ひろしさんのこ数がもとめられます。

②「2人あわせて何こ」拾ったかをもとめるので，たし算を使います。

ここがニガテ

「少ないほうの数」と「ちがいの数」がわかっていて，「多いほうの数」をもとめるときは，たし算をします。

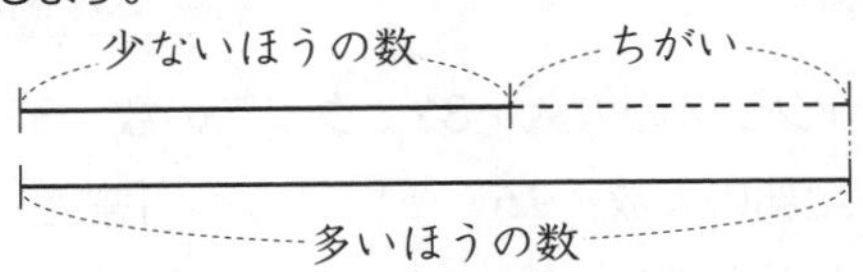

たとえば，**2**では，まことさんのこ数（少ないほうの数）「165こ」と，多くひろった分（ちがい）「45こ」がわかっているので，ひろしさんのこ数（多いほうの数）は，165＋45でもとめられます。

「多いほうの数」と「ちがいの数」がわかっていて，「少ないほうの数」をもとめるときは，ひき算をします。

たとえば，**2**でひろしさんのこ数210こととちがいの数「45こ」がわかっている場合，まことさんのこ数は，210－45でもとめられます。

「多いほうの数」と「少ないほうの数」がわかっていて，「ちがいの数」をもとめるときは，ひき算をします。

たとえば，**2**でひろしさんのこ数210こととまことさんのこ数「165こ」がわかっている場合，「ちがいの数」は210－165でもとめられます。

10 整数のたし算とひき算のまとめ うまく出られるかな？

▶▶▶ 本さつ11ページ

11 整数のかけ算 0のかけ算

▶▶▶ 本さつ12ページ

1 ① まとの点数 2 入った回数 0

とく点 0 [答え] 0点

② [式] 0 × 4 ＝ 0 [答え] 0点
（まとの点数 × 入った回数 ＝ とく点）

③ [式] 3 × 1 ＝ 3
（まとの点数 × 入った回数 ＝ とく点）

1 × 5 ＝ 5
（まとの点数 × 入った回数 ＝ とく点）

3＋0＋5＋0＝8 [答え] 8点
（3点のとく点＋2点のとく点＋1点のとく点＋0点のとく点 ＝ 10回のとく点の合計）

ポイント

どんな数に0をかけても，答えは0になります。
0にどんな数をかけても，答えは0になります。

12 整数のかけ算 0のかけ算

本さつ13ページ

1 ①［式］3×0＝0　［答え］0点

②［式］0×4＝0　［答え］0点

③［式］5×2＝10，1×6＝6

10＋0＋6＋0＝16　［答え］16点

2 ［式］3×6＝18，0×4＝0，

1×0＝0，18＋0＋0＝18

［答え］18点

ポイント

1 ①まとのとく点は「3点」で，入った数は「0こ」なので，3に0をかけます。式を0×3＝0とするのはまちがいなので，注意します。

②まとのとく点は「0点」で，入った数は「4こ」なので，0に4をかけます。式を4×0としないようにしましょう。

③「5点」のところに「2こ」だから，とく点は5×2となります。また，「1点」のところに「6こ」だから，とく点は1×6となります。「12回のとく点の合計」をもとめるので，5点，3点，1点，0点のところのとく点を，すべてたします。

2 さとしさんのとく点は，「3点」が「6回」，「0点」が「4回」，「1点」が「0回」と考えます。それぞれのとく点をかけ算でもとめ，さいごにそれぞれのとく点をすべてたします。

13 整数のかけ算 何十，何百のかけ算

本さつ14ページ

1 1このねだん　20　買う数　4

代金　80　［答え］80円

2 ［式］300×5＝1500　［答え］1500円
（1このねだん　買う数　代金）

3 ［式］40×3＝120　［答え］120まい
（1ふくろのまい数　ふくろの数　全部のまい数）

ポイント

同じ数のまとまりがいくつかあって，全部の数をもとめるときは，かけ算をします。例えば，**3**では，同じ数のまとまり「40まい」が，「3ふくろ」あるので，全部の数は40に3をかけてもとめます。

14 整数のかけ算 何十，何百のかけ算

練習

本さつ15ページ

1 ［式］80×6＝480　［答え］480円

2 ［式］20×5＝100　［答え］100まい

3 ［式］900×3＝2700　［答え］2700mL

4 ［式］500×8＝4000　［答え］4000円

ポイント

1 1まい「80円」の切手を「6まい」買うので，80円の6つ分だから，80に6をかけます。

2 1箱に「20まい」入っているクッキーが「5箱」あるので，20まいの5つ分だから，20に5をかけます。

3 1本「900mL」のジュースが「3本」あるので，900mL の3つ分だから，900に3をかけます。

4 「500円」玉が「8まい」あるので，500円の8つ分だから，500に8をかけます。

15 整数のかけ算 かけ算①

本さつ16ページ

1 1クラスの人数　32　クラスの数　3

全部の人数　96　［答え］96人

2 ［式］120×4＝480　［答え］480円
（1本のねだん　買う数　代金）

ポイント

同じ数のまとまりがいくつかあって，全部の数をもとめるときは，かけ算をします。1つ分の数がいくつあるかを考えましょう。式に表すと，1つ分の数×いくつ分＝全部の数　となります。

16 整数のかけ算 かけ算①

本さつ17ページ

1 ［式］25×7＝175　［答え］175まい
（1人分のまい数　配る人数　全部のまい数）

2 ［式］12×8＝96　［答え］96本
（1箱分の本数　箱の数　全部の本数）

3 ［式］320×6＝1920　［答え］1920円
（1人分の金がく　集める人数　全部の金がく）

17 整数のかけ算 かけ算①

本さつ18ページ

1 [式] 85×6=510 [答え] 510円

2 [式] 18×7=126 [答え] 126きゃく

3 [式] 24×5=120 [答え] 120ページ

4 [式] 105×9=945 [答え] 945こ

ポイント

1 「85円」が1つ分の数，「6m」がいくつ分かを表しているので，85円の6つ分だから，85に6をかけます。
2 「18きゃく」が1つ分の数，「7列」がいくつ分かを表しているので，18に7をかけます。
3 「24ページ」が1つ分の数，「5日間」がいくつ分かを表しているので，24に5をかけます。
4 「105こ」が1つ分の数，「9回」がいくつ分かを表しているので，105に9をかけます。

18 整数のかけ算 かけ算①

本さつ19ページ

1 [式] 160×3=480 [答え] 480円

2 [式] 250×4=1000 [答え] 1000mL

3 ① [式] 450×3=1350 [答え] 1350まい
② [式] 398×3=1194 [答え] 1194円

ポイント

1 「160円」が1つ分の数，「3人」がいくつ分かを表しているので，160円の3つ分だから，160に3をかけます。
2 「250mL」が1つ分の数，「4本」がいくつ分かを表しているので，250に4をかけます。
3 ①おり紙のまい数について考えます。「450まい」が1つ分の数，「3たば」がいくつ分かを表しているので，450に3をかけます。
②金がくについて考えます。「398円」が1つ分の数，「3たば」がいくつ分かを表しているので，398に3をかけます。

19 整数のかけ算 かけ算のきまり

本さつ20ページ

1 ① 1このねだん 95 1箱のドーナツの数 4
買う箱の数 2 代金 760
[答え] 760円

② 1このねだん 95 1箱のドーナツの数 4
買う箱の数 2 代金 760
[答え] 760円

ここがニガテ

3つの数のかけ算では，はじめの2つの数を先に計算しても，あとの2つの数を先に計算しても，答えは同じになります。式の中に（ ）があるときは，（ ）の中を1つのまとまった数と考えていることを表しています。（ ）のある場所によって，何を先にもとめるのかがちがいます。

20 整数のかけ算 かけ算のきまり

本さつ21ページ

1 パンのねだん 80
ジュースのねだん 120 買う数 6
全部の金がく 1200 [答え] 1200円

2 [式] (80+20)×7=700
（80：えん筆のねだん，20：キャップのねだん，7：買う数，700：全部の金がく）
[答え] 700円

3 [式] (48+152)×8=1600
（48：みかんのねだん，152：りんごのねだん，8：買う数，1600：全部の金がく）
[答え] 1600円

ポイント

べつべつに代金をもとめてから，たし算をしてももとめられます。たとえば，1では，
パンの代金は，80×6=480
ジュースの代金は，120×6=720
パンの代金とジュースの代金をあわせると，
480+720=1200（円）となります。
いろいろな考え方ができるようになりましょう。

21 整数のかけ算 かけ算のきまり

▶▶▶本さつ22ページ

1 ① ［式］(280×2)×3＝1680

［答え］1680円

② ［式］280×(2×3)＝1680

［答え］1680円

2 ［式］(330＋170)×4＝2000

［答え］2000円

3 ［式］(158－58)×9＝900

［答え］900円

ポイント

1「280円」はゼリー1このねだん，「2こ」は箱に入っているゼリーのこ数，「3箱」は買う箱の数です。

① (280×2)が「1箱のねだん」を表します。

② (2×3)が「全部のゼリーの数」を表します。

2 式に表すと，次のようになります。

(おとな1人の電車代＋子ども1人の電車代)×組の数＝全部の電車代

330円　170円　4組

1組の電車代は500円

3 式に表すと，次のようになります。

(ペン1本のねだん－えん筆1本のねだん)×本数＝9本分のちがい

158円　58円　9本

1本分のちがいは100円

いきなり1つの式に表すことがむずかしいなら，まず2つの式をかいてから，1つの式にまとめることをくりかえし練習しましょう。たとえば，**3** では，158－58＝100，100×9＝900という2つの式を考えてから，1つの式にまとめます。

22 整数のかけ算 倍の計算

りかい

▶▶▶本さつ23ページ

1 赤の数　16　何倍　3　青の数　48

［答え］48まい

2 ［式］150×4＝600　［答え］600mL

(小のかさ　何倍　大のかさ)

23 整数のかけ算 倍の計算

▶▶▶本さつ24ページ

1 ① 小の数　3　何倍　4　中の数　12

［答え］12こ

② 中は小の何倍　4　大は中の何倍　2

［答え］8倍

③ ［式］3×(4×2)＝24

(小の数　何倍 何倍　大の数)

［答え］24こ

ポイント

3つ分のことを3倍，4つ分のことを4倍といいます。何倍にした大きさの数をもとめるときはかけ算をします。

24 整数のかけ算 倍の計算

▶▶▶本さつ25ページ

1 ［式］15×5＝75　［答え］75円

2 ［式］24×3＝72　［答え］72回

3 ［式］37×4＝148　［答え］148こ

4 ［式］8×(2×3)＝48　［答え］48本

ポイント

1 もとにするものは，「あめのねだん」の「15円」です。「ビスケットのねだん」は15円の「5倍」なので，15に5をかけます。

2 もとにするものは，「3年生の回数」の「24回」です。「6年生の回数」は24回の「3倍」なので，24に3をかけます。

3 もとにするものは，「ようこさんのおはじき」の「37こ」です。「お姉さんのおはじき」は37この「4倍」なので，37に4をかけます。

4 「あきカンの数」は「あきビンの数」の「2倍」，「ペットボトルの数」は「あきカンの数」の「3倍」なので，「ペットボトルの数」は「あきビンの数」の(2×3)倍になります。もとにするものは，「あきビンの数」の「8本」なので，8に(2×3)をかけます。何倍になるのかをひとまとまりとして考えるので，式に(　)をつけて表しましょう。

25 整数のかけ算 何十をかける計算

▶▶▶本さつ26ページ

1 1人分のみかんの数　3　人数　20

全部のみかんの数　60　　[答え] 60こ

2 [式] 25×30＝750　　[答え] 750円

（25：1このねだん　30：買う数　750：全部の金がく）

26 整数のかけ算 何十をかける計算

▶▶▶本さつ27ページ

1 [式] 10×40＝400　　[答え] 400こ

（10：1箱のボールの数　40：箱の数　400：全部のボールの数）

2 [式] 6×50＝300　　[答え] 300円

（6：1まいのねだん　50：買う数　300：全部の金がく）

3 [式] 50×20＝1000　　[答え] 1000円

（50：1mのねだん　20：買う長さ　1000：全部の金がく）

ポイント

1の「箱の数」の「40箱」や，**2**の「画用紙の数」の「50まい」のように，「いくつ分の数」が何十（2けた）になっても，全部の数をもとめる式は，1つ分の数×いくつ分＝全部の数　です。

27 整数のかけ算 何十をかける計算

▶▶▶本さつ28ページ

1 [式] 8×10＝80　　[答え] 80まい

2 [式] 7×30＝210　　[答え] 210まい

3 [式] 80×20＝1600　　[答え] 1600円

4 [式] 25×40＝1000　[答え] 1000きゃく

ポイント

1「8まい」が1つ分の数，「10こ」がいくつ分かを表しているので，8に10をかけます。

2「7まい」が1つ分の数，「30人」がいくつ分かを表しているので，7に30をかけます。

3「80円」が1つ分の数，「20まい」がいくつ分かを表しているので，80に20をかけます。

4「25きゃく」が1つ分の数，「40列」がいくつ分かを表しているので，25に40をかけます。

28 整数のかけ算 かけ算②

▶▶▶本さつ29ページ

1 1このねだん　36　買う数　24

全部の金がく　864　　[答え] 864円

2 [式] 285×32＝9120　　[答え] 9120円

（285：1人分の金がく　32：人数　9120：全部の金がく）

ポイント

2けた×2けた，3けた×2けたの文章問題です。

2では，1人分の金がく「285円」にさんかする人数「32人」をかけ，「全部の金がく」をもとめます。答えのけた数が多くなるので，計算まちがいに気をつけましょう。

29 整数のかけ算 かけ算②

▶▶▶本さつ30ページ

1 [式] 65×35＝2275

（65：1人分の数　35：人数　2275：全部の数）

[答え] 2275こ

2 [式] 68×12＝816

（68：1本のねだん　12：買う数　816：全部の金がく）

[答え] 816円

3 [式] 500×16＝8000

（500：1本分のかさ　16：本数　8000：全部のかさ）

8000mL＝8L　　[答え] 8L

ポイント

問題文をよく読んで，その数が何を表す数かをしっかり理かいしてから，式をつくりましょう。

1では，問題文に出てくるじゅんに，35×65としないように気をつけましょう。

ここがニガテ

文章問題では，たんいにも気をつけましょう。

3では，mL を L で表します。

30 整数のかけ算 かけ算②

▶▶▶本さつ31ページ

1 [式] 8×15＝120　[答え] 120こ

2 [式] 20×28＝560　[答え] 560本

3 [式] 42×58＝2436　[答え] 2436まい

4 [式] 75×62＝4650　[答え] 4650円

ポイント

1 1皿分のいちごの数は「8こ」で，「15皿」分いるので，8に15をかけます。
2 1たばの花の数は「20本」で，「28たば」つくるので，20に28をかけます。
3 1さつ分のまい数は「42まい」で，「58さつ」分あるので，42に58をかけます。
4 みかん1こ分のねだんは「75円」で，「62こ」買うので，75に62をかけます。

31 整数のかけ算 かけ算②

▶▶▶本さつ32ページ

1 [式] 158×26＝4108　[答え] 4108円

2 [式] 205×35＝7175　[答え] 7175円

3 [式] 140×18＝2520　[答え] 2520円

4 [式] 32×275＝8800　[答え] 8800こ

ポイント

1 りんご1こ分のねだんは「158円」で，「26こ」買うので，158に26をかけます。
2 1mのねだんは「205円」で，「35m」買うので，205に35をかけます。
3 1人分のバス代は「140円」で，子どもの人数は「18人」なので，140に18をかけます。18に140をかけるまちがいが多いので，気をつけましょう。
4 1ふくろに入っているクッキーの数は「32こ」で，ふくろの数は「275ふくろ」なので，32に275をかけます。

32 整数のかけ算のまとめ おやつは何かな？

▶▶▶本さつ33ページ

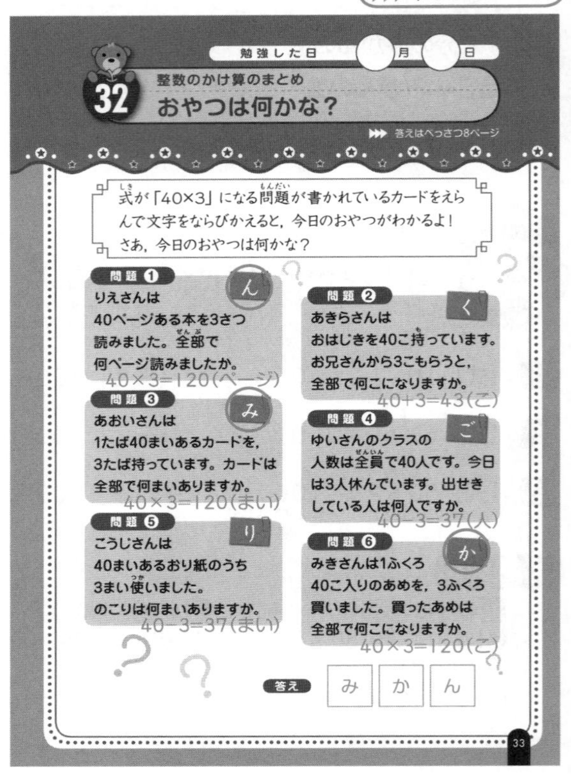

勉強した日　月　日

32 整数のかけ算のまとめ
おやつは何かな？

▶▶▶ 答えはべっさつ8ページ

式が「40×3」になる問題が書かれているカードをえらんで文字をならびかえると，今日のおやつがわかるよ！
さあ，今日のおやつは何かな？

問題1　ん
りえさんは40ページある本を3さつ読みました。全部で何ページ読みましたか。
40×3＝120(ページ)

問題2　く
あきらさんはおはじきを40こ持っています。お兄さんから3こもらうと，全部で何こになりますか。
40+3＝43(こ)

問題3　み
あおいさんは1たば40まいあるカードを，3たば持っています。カードは全部で何まいありますか。
40×3＝120(まい)

問題4　ご
ゆいさんのクラスの人数は全員で40人です。今日は3人休んでいます。出せきしている人は何人ですか。
40−3＝37(人)

問題5　り
こうじさんは40まいあるおり紙のうち3まい使いました。のこりは何まいありますか。
40−3＝37(まい)

問題6　か
みきさんは1ふくろ40こ入りのあめを，3ふくろ買いました。買ったあめは全部で何こになりますか。
40×3＝120(こ)

答え　み　か　ん

33

33 整数のわり算 わり算①

▶▶▶本さつ34ページ

1 全部の数　18　人数　3　1人分の数　6
[答え] 6こ

2 [式] 24÷6＝4　[答え] 4m
（全体の長さ　本数　1本分の長さ）

ポイント

1つ分の数は，わり算でもとめます。
全部の数÷分ける数＝1つ分の数

整数のわり算 わり算①

▶▶▶本さつ35ページ

1 ［式］ 18÷3＝6（18：全部の数，3：1人分の数，6：人数） ［答え］ 6人

2 ［式］ 24÷6＝4（24：全体の長さ，6：1本分の長さ，4：本数） ［答え］ 4本

3 ［式］ 30÷5＝6（30：全部の数，5：1人分の数，6：人数） ［答え］ 6人

ポイント

いくつに分けられるかは，わり算でもとめます。
全部の数÷1つ分の数＝分ける数

35 整数のわり算 わり算①

▶▶▶本さつ36ページ

1 ［式］ 20÷4＝5 ［答え］ 5まい

2 ［式］ 28÷7＝4 ［答え］ 4こ

3 ［式］ 42÷6＝7 ［答え］ 7人

4 ［式］ 72÷9＝8 ［答え］ 8本

ポイント

1 「20まい」が全部の数で，「4人」が分ける人数なので，20を4でわると，1人分の数がもとめられます。
2 「28こ」が全部の数で，「7つ」が分けるふくろの数なので，28を7でわります。
3 「42人」が全部の数で，「6つ」が分けるグループの数なので，42を6でわります。
4 「72本」が全部の数で，「9人」が分ける人数なので，72を9でわります。

36 整数のわり算 わり算①

▶▶▶本さつ37ページ

1 ［式］ 18÷2＝9 ［答え］ 9人

2 ［式］ 32÷4＝8 ［答え］ 8人

3 ［式］ 40÷8＝5 ［答え］ 5人

4 ［式］ 72÷9＝8 ［答え］ 8日

ポイント

1 「18dL」が全部のかさで，1人分のかさは「2dL」なので，18を2でわると，「分ける数」がもとめられます。
2 「32こ」が全部の数で，1人分の数は「4こ」なので，32を4でわります。
3 「40まい」が全部の数で，1人分の数は「8まい」なので，40を8でわります。
4 「72問」が全部の数で，1日分は「9問」なので，72を9でわります。

ここが ニガテ

わり算の答えは，わる数のだんの九九を使ってもとめます。たとえば，**4** では，

72 ÷ 9（72：わられる数，9：わる数）

72÷9の答えは，9×□＝72の□にあてはまる数です。まちがいをへらすためにも，答えをもとめたら，この考え方を使って答えのたしかめをしましょう。

37 整数のわり算 0や1のわり算

▶▶▶本さつ38ページ

1 ① 全部の数 5 人数 5 1人分の数 1
［答え］ 1こ

② ［式］ 0÷5＝0（0：全部の数，5：人数，0：1人分の数） ［答え］ 0こ

ポイント

0を，0でないどんな数でわっても，答えはいつも0です。

38 整数のわり算 0や1のわり算

▶▶▶本さつ39ページ

1 [式] 5÷1=5　　[答え] 5人
（5：全部の数　1：1人分の数　5：人数）

2 [式] 6÷6=1　　[答え] 1こ
（6：全部の数　6：人数　1：1人分の数）

3 [式] 8÷1=8　　[答え] 8人
（8：全部の数　1：1人分の数　8：人数）

ポイント

1でわったときの答えは，わられる数と同じです。
たとえば，**3** では，「8まい」が全部の数で，1人分の数が「1まい」なので，8を1でわると配ることのできる人数がもとめられます。

8 ÷ 1 = 8
（わられる数　わる数　答え）

となり，1でわったときの答えは，わられる数と同じになることがわかります。

39 整数のわり算 0や1のわり算

▶▶▶本さつ40ページ

1 [式] 4÷4=1　　[答え] 1こ

2 [式] 9÷9=1　　[答え] 1dL

3 [式] 8÷1=8　　[答え] 8日

4 [式] 0÷2=0　　[答え] 0こ

ポイント

1 「4こ」が全部の数で，「4人」が分ける人数なので，4を4でわると，1人分の数がもとめられます。
2 「9dL」が全部のかさで，「9つ」が分けるコップの数なので，9を9でわります。
3 「8まい」が全部の数で，「1まい」が1日分のまい数なので，8を1でわります。
4 箱の中にあめが1つも入っていなかったので，「0こ」が全部の数になります。このあめを，あきこさんと妹の「2人」で分けようとしていたので，0を2でわります。文章をよく読んで，式に表しましょう。

40 整数のわり算 倍の計算

▶▶▶本さつ41ページ

1 よしおさんの数　24　弟の数　6　何倍　4
　　[答え] 4倍

2 [式] 48÷8=6　　[答え] 6倍
（48：赤の長さ　8：青の長さ　6：何倍）

ポイント

何倍かをもとめるときは，わり算をします。

41 整数のわり算 倍の計算

▶▶▶本さつ42ページ

1 [式] 40÷5=8　　[答え] 8倍
（40：みかんの数　5：りんごの数　8：何倍）

2 [式] 20÷4=5　　[答え] 5倍
（20：大のかさ　4：小のかさ　5：何倍）

3 [式] 36÷9=4　　[答え] 4倍
（36：さくらの数　9：いちょうの数　4：何倍）

ここがニガテ

「▲は●の何倍ですか。」と聞かれたら，▲÷●でもとめます。
わられる数とわる数をぎゃくにしないように気をつけましょう。たとえば，**3** では，「さくらの木の数は，いちょうの木の数の何倍」かをもとめるので，36÷9となります。

42 整数のわり算 倍の計算

▶▶▶本さつ43ページ

1 [式] 16÷8=2　　[答え] 2倍

2 [式] 15÷3=5　　[答え] 5倍

3 [式] 18÷6=3　　[答え] 3倍

4 [式] 63÷9=7　　[答え] 7倍

ポイント

1 「りんごの数はなしの数の何倍」かなので，わり算をします。りんごの数「16こ」が□倍にした大きさ，なしの数「8こ」がもとにする大きさなので，16を8でわります。

2 「たて物の高さは，木の高さの何倍」かなので，たて物の高さ「15m」が□倍にした大きさ，木の高さ「3m」がもとにする大きさを表します。15を3でわります。

3 「たての長さは横の長さの何倍」かなので，たての長さ「18cm」が□倍にした大きさ，横の長さ「6cm」がもとにする大きさを表します。18を6でわります。

4 「たけしさんのとんだ回数は，弟の回数の何倍」かなので，たけしさんがとんだ回数「63回」が□倍にした大きさ，弟がとんだ回数「9回」がもとにする大きさを表します。63を9でわります。

整数のわり算 あまりのあるわり算①

本さつ44ページ

1 全部の数　17　人数　3　1人分の数　5　あまり　2

[答え] 1人分は5こになって，2こあまる

2 [式] 32 ÷ 5 ＝ 6 あまり 2
（全部の数　ふくろの数　1ふくろ分の数　あまり）

[答え] 1ふくろ分は6こになって，2こあまる

ポイント

あまりがわる数よりも小さくなるように分けます。

整数のわり算 あまりのあるわり算①

本さつ45ページ

1 [式] 16÷5＝3あまり1
（16：全部の数　5：ふくろの数　3：1ふくろ分の数　1：あまり）

[答え] 3ふくろできて，1こあまる

2 [式] 53÷8＝6あまり5
（53：全部の数　8：人数　6：1人分の数　5：あまり）

[答え] 6人に分けられて，5まいあまる

3 [式] 50÷6＝8あまり2
（50：全部の長さ　6：1本分の長さ　8：本数　2：あまり）

[答え] 8本できて，2mあまる

ここがニガテ

あまりをもとめるときの，くり下がりの計算をまちがえることが多いです。答えをもとめたら，かならず答えのたしかめをしましょう。

たしかめの式
（わる数）×（答え）＋（あまり）
＝（わられる数）

たとえば，3では，次のようにたしかめをします。

$\boxed{50} \div 6 = 8$ あまり 2
$6 \times 8 + 2 = \boxed{50}$

45 整数のわり算 あまりのあるわり算①

本さつ46ページ

1 [式] 29÷4＝7あまり1

[答え] 1人分は7まいになって，1まいあまる

2 [式] 59÷7＝8あまり3

[答え] 1皿分は8こになって，3こあまる

3 [式] 63÷8＝7あまり7

[答え] 1人分は7本になって，7本あまる

4 [式] 80÷9＝8あまり8

[答え] 1たば分は8本になって，8本あまる

ポイント

1 「29まい」が全部の数で，「4人」が分ける人数なので，29を4でわります。あまりは，わる数よりも小さくなることに注意しましょう。

2 「59こ」が全部の数で，「7皿」が分ける皿の数なので，59を7でわります。

3 「63本」が全部の数で，「8人」が分ける人数なので，63を8でわります。

4 「80本」が全部の数で，「9たば」が分ける花たばの数なので，80を9でわります。

本さつ47ページ

1 [式] 14÷4=3あまり2

[答え] 3箱できて，2こあまる

2 [式] 42÷5=8あまり2

[答え] 8こできて，2dLあまる

3 [式] 75÷9=8あまり3

[答え] 8本とれて，3cmあまる

4 [式] 60÷8=7あまり4

[答え] 7人に配れて，4まいあまる

ポイント

1 「14こ」が全部の数で，「4こ」が1箱分の数なので，14を4でわります。
2 「42dL」が全部のかさで，「5dL」が1つ分のコップに入れるかさなので，42を5でわります。
3 「75cm」が全部の長さで，「9cm」が1本分の長さなので，75を9でわります。
4 「60まい」が全部の数で，「8まい」が1人分のまい数なので，60を8でわります。

答えるときのたんいに気をつけましょう。
たとえば，**4** では，

60（全部のまい数） ÷ 8（1人分のまい数） = 7（人数） あまり 4（あまりのまい数）

答え…7人に配れて，4まいあまる
問題で「何を聞かれているか」に注意して，文章を読みとりましょう。

本さつ48ページ

1 全部の数　19　1ふくろ分の数　5
5こ入ったふくろの数　3
あまったみかんの数　4
5こ入ったふくろの数　3
あまったみかんを入れるふくろの数　1
全部入れるためのふくろの数　4

[答え] 4まい

2 [式] 34（全部の人数）÷6（1きゃく分の人数）=5（6人すわった長いすの数）あまり4（あまった人数）

5（6人すわった長いすの数）+1（あまった人がすわる長いすの数）=6（みんながすわるための長いすの数）

[答え] 6きゃく

ポイント

「全部入れる」，「みんながすわる」には，あまった分を入れるためのふくろ，あまった人がすわるための長いすがひつようになります。

本さつ49ページ

1 全部の数　22　1箱分の数　8
8こ入った箱の数　2
あまりのりんごの数　6

[答え] 2箱

2 [式] 31（全部の数）÷4（1箱分の数）=7（4こ入った箱の数）あまり3（あまり）

[答え] 7箱

3 [式] 54（全部の数）÷7（1たば分の数）=7（7本のたばの数）あまり5（あまり）

[答え] 7たば

ここが ニガテ

1 の場面では，1箱に8こと決めているので，あまった6このりんごは箱に入れることはできません。文章をよく読みましょう。

49 整数のわり算 あまりのあるわり算② 練習

本さつ50ページ

1 ［式］13÷2＝6あまり1
6＋1＝7 ［答え］7回

2 ［式］35÷4＝8あまり3
8＋1＝9 ［答え］9そう

3 ［式］45÷6＝7あまり3
7＋1＝8 ［答え］8だん

4 ［式］78÷8＝9あまり6
9＋1＝10 ［答え］10日

ポイント

1 「13こ」が全部のこ数で，「2こ」が1回に運ぶ荷物の数なので，13を2でわります。
13÷2＝6あまり1　6回運んだあと，荷物が1このこるので，もう1回運ぶことになります。
2 「35人」が全部の人数で，「4人」が1そうのボートに乗れる人数なので，35を4でわります。
35÷4＝8あまり3　4人乗ったボートは8そうできて，3人あまるので，あまった3人を乗せるためのボートがもう1そういります。
3 「45さつ」が全部の本の数で，「6さつ」が1だんに立てることができる本の数なので，45を6でわります。
45÷6＝7あまり3　6さつ立てた本だなのたなが7だんできて，3さつあまるので，あまった3さつの本を立てるためのたながもう1だんいります。
4 「78ページ」が全部のページ数で，「8ページ」が1日に読む本のページ数なので，78を8でわります。
78÷8＝9あまり6　9日読んだあと，6ページのこります。のこった6ページを読むために，もう1日かかります。

50 整数のわり算 あまりのあるわり算② 練習

本さつ51ページ

1 ［式］26÷4＝6あまり2 ［答え］6ふくろ

2 ［式］25÷3＝8あまり1 ［答え］8さつ

3 ［式］65÷9＝7あまり2 ［答え］7まい

4 ［式］50÷8＝6あまり2 ［答え］6こ

ポイント

1 「26こ」が全部のこ数で，「4こ」が1ふくろに入れるあんパンの数なので，26を4でわります。
2 「25cm」が全体のはばで，「3cm」が1さつの本のあつさなので，25を3でわります。
25÷3＝8あまり1　本立てに8さつたてると，1cmあまりますが，あまりの1cmに3cmの本は立てることができません。
3 「65円」が全部のお金で，「9円」が1まい分の画用紙のねだんなので，65を9でわります。
65÷9＝7あまり2　7まい買えて2円あまりますが，あまりの2円で9円の画用紙は買うことができません。
4 「50こ」が全部のいちごのこ数で，「8こ」が1つのデコレーションケーキにのせるいちごの数なので，50を8でわります。
50÷8＝6あまり2　いちごが8このったデコレーションケーキは6こできますが，あまったいちご2こではデコレーションケーキはかんせいしません。

ここがニガテ

問題文の場面をイメージして，あまりをどうするかを考えましょう。たとえば，1の場面では，1ふくろに4こと決めているので，あまった2このあんパンはふくろに入れることはできません。

51 整数のわり算 わり算② りかい

本さつ52ページ

1 全部の数　60　人数　3
1人分の数　20 ［答え］20こ

2 ［式］80÷4＝20 ［答え］20円
（80：全部の金がく　4：こ数　20：1こ分の金がく）

52 整数のわり算 わり算②

▶▶▶本さつ53ページ

1 [式] 63÷3＝21　　　　[答え] 21こ
（63：全部の数　3：人数　21：1人分の数）

2 [式] 46÷2＝23　　　　[答え] 23まい
（46：全部の数　2：人数　23：1人分の数）

3 [式] 48÷4＝12　　　　[答え] 12こ
（48：全部の数　4：1つ分の数　12：分ける数）

ポイント

答えが2けたになるわり算ですが，式のつくりかたは，これまでに学習したわり算と同じです。
全部の数÷分ける数＝1つ分の数
全部の数÷1つ分の数＝分ける数

53 整数のわり算 わり算②

▶▶▶本さつ54ページ

1 [式] 90÷3＝30　　　　[答え] 30cm

2 [式] 50÷5＝10　　　　[答え] 10円

3 [式] 84÷2＝42　　　　[答え] 42人

4 [式] 99÷9＝11　　　　[答え] 11本

ポイント

1 「90cm」が全体の長さで，「3本」が分ける本数なので，90を3でわります。
2 「50円」が全部のねだんで，「5まい」が画用紙のまい数なので，50を5でわります。
3 「84本」が全部の本数で，「2本」が1人に分ける本数なので，84を2でわります。
4 「99本」が全部の本数で，「9たば」が分ける花たばの数です。1つ分の花たばの花の数をもとめるので，99を9でわります。

54 整数のわり算のまとめ 何て言っていたのかな？

▶▶▶本さつ55ページ

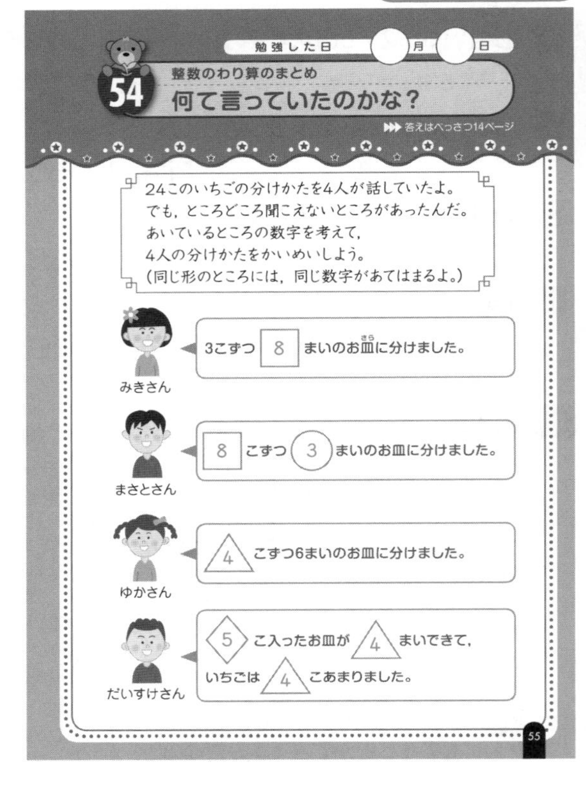
勉強した日　月　日

54 整数のわり算のまとめ
何て言っていたのかな？

▶▶▶答えはべっさつ14ページ

24このいちごの分けかたを4人が話していたよ。
でも，ところどころ聞こえないところがあったんだ。
あいているところの数字を考えて，
4人の分けかたをかいめいしよう。
（同じ形のところには，同じ数字があてはまるよ。）

みきさん：3こずつ［8］まいのお皿に分けました。

まさとさん：［8］こずつ（3）まいのお皿に分けました。

ゆかさん：△4 こずつ6まいのお皿に分けました。

だいすけさん：◇5 こ入ったお皿が△4 まいできて，いちごは△4 こあまりました。

55

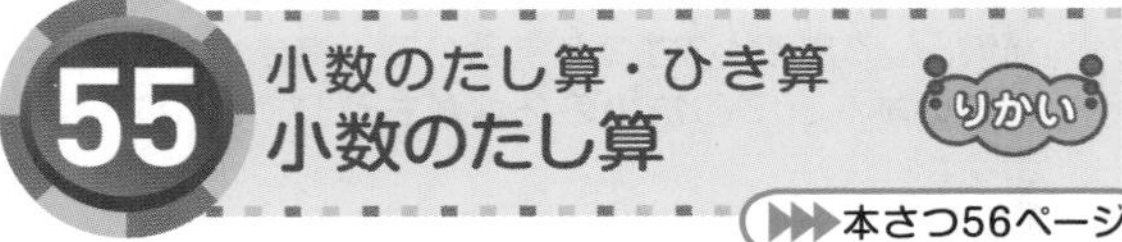

55 小数のたし算・ひき算 小数のたし算

▶▶▶本さつ56ページ

1 ビンの水のかさ　0.6
コップの水のかさ　0.2
あわせた水のかさ　0.8　　　　[答え] 0.8L

2 [式] 0.9＋0.3＝1.2　　　　[答え] 1.2L
（0.9：はじめのかさ　0.3：あとから入れたかさ　1.2：全部のかさ）

ポイント

小数で表されたときでも，整数のときと同じように，「あわせて」「全部で」のような「あわせた大きさ」は，たし算でもとめます。

56 小数のたし算・ひき算 小数のたし算

本さつ57ページ

のびた分
1 [式] 1.2＋0.1＝1.3　　[答え] 1.3m
去年の木の高さ　今の高さ

水とうのかさ
2 [式] 1＋0.5＝1.5　　[答え] 1.5L
ポットのかさ　あわせたかさ

白の長さ
3 [式] 2.5＋1.6＝4.1　　[答え] 4.1m
赤の長さ　あわせた長さ

57 小数のたし算・ひき算 小数のたし算

本さつ58ページ

1 [式] 0.1＋0.2＝0.3　　[答え] 0.3L

2 [式] 4.5＋2.4＝6.9　　[答え] 6.9m

3 [式] 0.7＋0.3＝1　　[答え] 1L

4 [式] 0.8＋1.4＝2.2　　[答え] 2.2L

ポイント

1 「0.1L」が朝に飲んだ牛にゅうのかさ，「0.2L」が昼に飲んだ牛にゅうのかさです。「あわせて」なので，0.1と0.2をたします。

2 「4.5m」がゆみさんが使うリボンの長さ，「2.4m」が妹が使うリボンの長さです。「あわせて」なので，たし算でもとめます。

3 「0.7L」が大きいビンに入っているしょう油のかさ，「0.3L」が小さいビンに入っているしょう油のかさです。「全部で何L」なので，たし算でもとめます。答えは，1.0Lではなく，「1L」と書きましょう。

4 「0.8L」がはじめに入っていた水のかさ，「1.4L」があとから入れた水のかさです。「全部で何L」なので，たし算でもとめます。くり上がりの計算に気をつけましょう。

58 小数のたし算・ひき算 小数のひき算

本さつ59ページ

1 はじめのかさ　0.9　飲んだかさ　0.2
のこりのかさ　0.7　　[答え] 0.7L

2 [式] 1.8－0.6＝1.2
赤の長さ　青の長さ　ちがい
[答え] 赤いリボンが1.2m長い

ポイント

小数で表されたときでも，整数のときと同じように，「のこりの大きさ」「ちがいの大きさ」は，ひき算でもとめます。たとえば，**2**では，赤いリボン「1.8m」と青いリボン「0.6m」の長さの「ちがい」をもとめるので，1.8mから0.6mをひきます。

59 小数のたし算・ひき算 小数のひき算

本さつ60ページ

のこりの長さ
1 [式] 7.5－5.8＝1.7　　[答え] 1.7m
はじめの長さ　切り取った長さ

飲んだかさ
2 [式] 2.5－0.5＝2　　[答え] 2L
はじめのかさ　のこりのかさ

湯のみのかさ
3 [式] 3.2－2.3＝0.9
コップのかさ　ちがい
[答え] コップが0.9dL多い

ポイント

「ちがいの大きさ」をもとめるときは，どちらの数が大きいかをたしかめてから，ひき算の式を書きます。たとえば，**3**では，湯のみに「2.3dL」，コップに「3.2dL」入るので，3.2dLから2.3dLをひきます。「2.3－3.2」としないように気をつけましょう。

60 小数のたし算・ひき算 小数のひき算

▶▶▶本さつ61ページ

1 [式] 1.1－0.2＝0.9　[答え] 0.9L

2 [式] 8.5－2＝6.5　[答え] 6.5L

3 [式] 2.1－1.9＝0.2
（2.1：オレンジのかさ　1.9：りんごのかさ　0.2：ちがい）
[答え] オレンジジュースが0.2L多い

4 [式] 9－5.4＝3.6　[答え] 3.6m

ポイント

1 「1.1L」がはじめにあったしょう油のかさ，「0.2L」が使ったしょう油のかさです。「のこりは何L」かをもとめるので，1.1から0.2をひきます。
2 「8.5L」が大きいバケツに入っている水のかさ，「2L」が小さいバケツに入っている水のかさです。かさの「ちがい」をもとめるので，大きいほうの8.5から，小さいほうの2をひきます。同じ位どうしを計算しましょう。
8.5－2＝8.3とするまちがいが多いので，気をつけましょう。
3 「1.9L」がりんごジュースのかさ，「2.1L」がオレンジジュースのかさです。「どちらが何L多い」のかをもとめるので，ひき算をします。はじめに，1.9と2.1ではどちらが大きいかを考えましょう。1.9<2.1だから，2.1から1.9をひいて，ちがいをもとめます。
4 「9m」がはじめにあったはり金の長さ，「5.4m」がのこりのはり金の長さです。「切り取った長さ」をもとめるので，9から5.4をひきます。

61 小数のたし算・ひき算 小数のたし算とひき算 りかい

▶▶▶本さつ62ページ

1 青の長さ　1.4　長い分　0.6
赤の長さ　2　[答え] 2m

2 大のかさ　1.5　少ない分　0.4
小のかさ　1.1　[答え] 1.1L

ポイント

大きいほうの数は，(小さいほうの数)＋(ちがい)
小さいほうの数は，(大きいほうの数)－(ちがい)
でもとめられます。

62 小数のたし算・ひき算 小数のたし算とひき算 りかい

▶▶▶本さつ63ページ

1 使った分　0.2　のこり　1.3
はじめ　1.5　[答え] 1.5L

2 [式] 8.5－6.3＝2.2　[答え] 2.2L
（8.5：水そうのかさ　6.3：入っているかさ　2.2：入れることができるかさ）

3 [式] 2.3－1.5＝0.8　[答え] 0.8L
（2.3：入っているかさ　1.5：のこす分のかさ　0.8：使うことができるかさ）

ここがニガテ

小数のひき算は，くり下がりに気をつけましょう。たとえば，**3**では，筆算で計算すると，まちがいが少なくなります。筆算で計算するときは，位をそろえて書き，整数のひき算と同じように計算します。

答えの小数点をうちわすれることが多いので，注意しましょう。

63 小数のたし算・ひき算 小数のたし算とひき算 練習

▶▶▶本さつ64ページ

1 ① [式] 1.4＋0.6＝2　[答え] 2L
（1.4：大のかさ　0.6：小のかさ　2：あわせたかさ）
② [式] 1.4－0.6＝0.8　[答え] 0.8L
（1.4：大のかさ　0.6：小のかさ　0.8：ちがい）

2 [式] 3.5＋2.8＝6.3　[答え] 6.3L
（3.5：使った分　2.8：のこり　6.3：はじめ）

3 [式] 8－4.3＝3.7　[答え] 3.7m
（8：全体　4.3：お姉さんの分　3.7：妹の分）

ポイント

1 「1.4L」が大きい水とうのかさ，「0.6L」が小さい水とうのかさです。
①「あわせると」なので，2つの数をたします。
②大きい水とうの「1.4L」から小さい水とうの「0.6L」をひいて，ちがいをもとめます。
2 「3.5L」が使った水のかさ，「2.8L」がのこった水のかさなので，はじめのかさは3.5と2.8をあわせたかさになります。
3 「8m」がリボン全体の長さ，「4.3m」がお姉さんのリボンの長さです。8mから4.3mを切り取ると，のこりの長さが妹のリボンの長さです。分からないときは，問題を整理して，図にかいてみましょう。

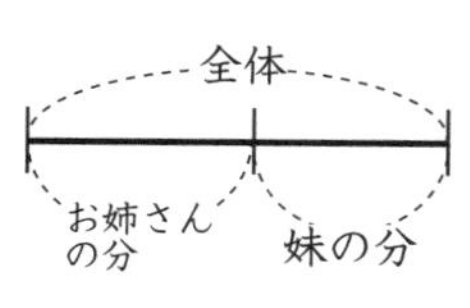

64 小数のたし算・ひき算 小数のたし算とひき算 練習

▶▶▶本さつ65ページ

1 ① [式] 2.9＋1.3＝4.2　[答え] 4.2m
（赤の長さ　長い分　青の長さ）

② [式] 2.9−1.4＝1.5　[答え] 1.5m
（赤の長さ　短い分　白の長さ）

③ [式] 4.2−1.5＝2.7
（青の長さ　白の長さ　ちがい）
[答え] 青のリボンが2.7m長い

④ [式] 2.9＋4.2＋1.5＝8.6　[答え] 8.6m
（赤の長さ　青の長さ　白の長さ　あわせた長さ）

ここが ニガテ

式をたてるときに，たし算にするかひき算にするかをまちがえることが多いので，気をつけましょう。どの長さとどの長さをくらべているのか，どちらのほうが長いのかを文章から読みとることが大切です。

65 小数のたし算・ひき算のまとめ どこまで入っているかな？

▶▶▶本さつ66ページ

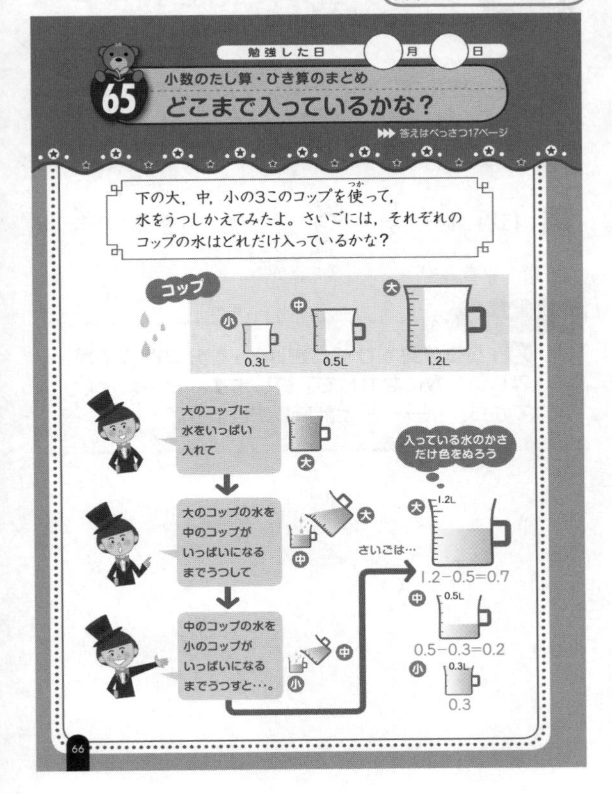
勉強した日　月　日

65 小数のたし算・ひき算のまとめ
どこまで入っているかな？

▶▶▶答えはべっさつ17ページ

下の大，中，小の3このコップを使って，水をうつしかえてみたよ。さいごには，それぞれのコップの水はどれだけ入っているかな？

66 分数のたし算・ひき算 分数のたし算 りかい

▶▶▶本さつ67ページ

1 パックのかさ $\frac{3}{5}$　びんのかさ $\frac{1}{5}$
あわせたかさ $\frac{4}{5}$　[答え] $\frac{4}{5}$ L

2 [式] $\frac{2}{8}+\frac{3}{8}=\frac{5}{8}$　[答え] $\frac{5}{8}$ m
（赤の長さ　白の長さ　あわせた長さ）

67 分数のたし算・ひき算 分数のたし算 りかい

▶▶▶本さつ68ページ

1 [式] $\frac{3}{10}+\frac{4}{10}=\frac{7}{10}$　[答え] $\frac{7}{10}$ L
（はじめのかさ　あとから入れたかさ　全部のかさ）

2 [式] $\frac{2}{7}+\frac{3}{7}=\frac{5}{7}$　[答え] $\frac{5}{7}$ L
（けんたさんのかさ　お兄さんのかさ　あわせたかさ）

3 [式] $\frac{2}{3}+\frac{1}{3}=\frac{3}{3}=1$　[答え] 1L
（大のかさ　小のかさ　あわせたかさ）

68 分数のたし算・ひき算 分数のたし算 練習

▶▶▶本さつ69ページ

1 [式] $\frac{2}{4}+\frac{1}{4}=\frac{3}{4}$　[答え] $\frac{3}{4}$ L
（ポットのかさ　やかんのかさ　あわせたかさ）

2 [式] $\frac{3}{6}+\frac{2}{6}=\frac{5}{6}$　[答え] $\frac{5}{6}$ L
（赤のかさ　白のかさ　あわせたかさ）

3 [式] $\frac{2}{5}+\frac{3}{5}=\frac{5}{5}=1$　[答え] 1m
（きのう使った長さ　今日使った長さ　あわせた長さ）

4 [式] $\frac{3}{7}+\frac{4}{7}=\frac{7}{7}=1$　[答え] 1L
（あきらさんのかさ　としおさんのかさ　あわせたかさ）

ポイント

分数で表されたときでも，整数や小数と同じで，「あわせた大きさ」は，たし算でもとめます。答えの分母と分子が等しくなったときは「1」になります。

69 分数のたし算・ひき算 分数のひき算

▶▶▶本さつ70ページ

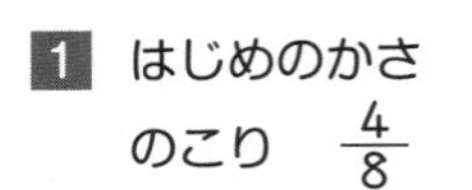

1 はじめのかさ $\frac{5}{8}$　飲んだかさ $\frac{1}{8}$
のこり $\frac{4}{8}$　[答え] $\frac{4}{8}$ L

2 [式] $\frac{8}{9}-\frac{6}{9}=\frac{2}{9}$
（赤の長さ（長いほう）　青の長さ（短いほう）　ちがい）
[答え] 赤いリボンが $\frac{2}{9}$ m長い

70 分数のたし算・ひき算 分数のひき算

▶▶▶本さつ71ページ

1 [式] $1-\frac{4}{5}=\frac{1}{5}$　[答え] $\frac{1}{5}$ m
（はじめの長さ　のこりの長さ　切り取った長さ）

2 [式] $\frac{5}{7}-\frac{2}{7}=\frac{3}{7}$　[答え] $\frac{3}{7}$ L
（はじめのかさ　使ったかさ　のこり）

3 [式] $\frac{5}{6}-\frac{4}{6}=\frac{1}{6}$　[答え] $\frac{1}{6}$ L
（大のかさ（多いほう）　小のかさ（少ないほう）　ちがい）

71 分数のたし算・ひき算 分数のひき算

▶▶▶本さつ72ページ

1 [式] $\frac{3}{4}-\frac{1}{4}=\frac{2}{4}$　[答え] $\frac{2}{4}$ L
（はじめのかさ　飲んだかさ　のこりのかさ）

2 [式] $1-\frac{3}{10}=\frac{7}{10}$　[答え] $\frac{7}{10}$ m
（はじめの長さ　切り取った長さ　のこりの長さ）

3 [式] $\frac{7}{8}-\frac{2}{8}=\frac{5}{8}$　[答え] $\frac{5}{8}$ L
（はじめのかさ　うつしたかさ　のこりのかさ）

4 [式] $\frac{3}{9}-\frac{2}{9}=\frac{1}{9}$
（こうたさんのかさ　あいさんのかさ　ちがいのかさ）
[答え] こうたさんが $\frac{1}{9}$ L多い

ポイント

1 「$\frac{3}{4}$ L」がはじめにあったジュースのかさ，「$\frac{1}{4}$ L」が飲んだジュースのかさです。
「のこりは」なので，ひき算でもとめます。

2 はじめの長さが「1m」，切り取った長さが「$\frac{3}{10}$ m」です。「のこりは」なので，1から $\frac{3}{10}$ をひきます。

3 「$\frac{7}{8}$ L」が大きいバケツに入っている水のかさ，「$\frac{2}{8}$ L」が小さいバケツにうつす水のかさです。$\frac{7}{8}$ から $\frac{2}{8}$ をひくと，大きいバケツにのこった水のかさが分かります。

4 「$\frac{3}{9}$ L」がこうたさんが飲んだ牛にゅうのかさ，「$\frac{2}{9}$ L」があいさんが飲んだ牛にゅうのかさです。こうたさんの $\frac{3}{9}$ L のほうが，あいさんの $\frac{2}{9}$ L より多いことをたしかめてから，ひき算をします。

72 分数のたし算・ひき算 分数のたし算とひき算

りかい

▶▶▶本さつ73ページ

1 使ったかさ $\frac{2}{5}$　のこりのかさ $\frac{1}{5}$
はじめのかさ $\frac{3}{5}$　[答え] $\frac{3}{5}$ L

2 [式] $1-\frac{1}{3}=\frac{2}{3}$　[答え] $\frac{2}{3}$ L
（全体のかさ　入っているかさ　入れることができるかさ）

ポイント

2 1から分数をひくときは，1を分母と分子が等しい分数になおして計算します。$1=\frac{3}{3}$ としてから，$\frac{3}{3}-\frac{1}{3}$ と計算しましょう。

73 分数のたし算・ひき算 分数のたし算とひき算 りかい

▶▶▶本さつ74ページ

1 ① [式] $\frac{1}{8}+\frac{2}{8}=\frac{3}{8}$ [答え] $\frac{3}{8}$ L

（きのうのかさ　今日のかさ　あわせたかさ）

② [式] $1-\frac{3}{8}=\frac{5}{8}$ [答え] $\frac{5}{8}$ L

（はじめのかさ　使ったかさ　のこりのかさ）

2 [式] $\frac{2}{9}+\frac{3}{9}=\frac{5}{9}$

（切り取った長さ　切り取った長さ　切り取った長さの合計）

$\frac{6}{9}-\frac{5}{9}=\frac{1}{9}$ [答え] $\frac{1}{9}$ m

（はじめの長さ　切り取った長さの合計　のこりの長さ）

ポイント

3つの分数が出てくる文章問題です。
のこりの大きさを，1つの式でもとめることもできます。

1では，$1-\frac{1}{8}-\frac{2}{8}=\frac{5}{8}$

（はじめのかさ　きのうのかさ　今日のかさ　のこりのかさ）

2では，$\frac{6}{9}-\frac{2}{9}-\frac{3}{9}=\frac{1}{9}$

（はじめの長さ　切り取った長さ　切り取った長さ　のこりの長さ）

ここがニガテ

3つの分数が出てくる問題なので，どの数とどの数を，たすのか，ひくのか，ということを，文章から読みとることが大切です。**2**では，ひく数をまちがえないように気をつけましょう。

74 分数のたし算・ひき算 分数のたし算とひき算

▶▶▶本さつ75ページ

1 ① [式] $\frac{5}{8}+\frac{3}{8}=1$ [答え] 1L

（やかんのかさ　ポットのかさ　あわせたかさ）

② [式] $\frac{5}{8}-\frac{3}{8}=\frac{2}{8}$ [答え] $\frac{2}{8}$ L

（やかんのかさ　ポットのかさ　ちがいのかさ）

2 ① [式] $\frac{2}{7}+\frac{4}{7}=\frac{6}{7}$ [答え] $\frac{6}{7}$ m

（まさとさんの長さ　としきさんの長さ　あわせた長さ）

② [式] $1-\frac{6}{7}=\frac{1}{7}$ [答え] $\frac{1}{7}$ m

（はじめの長さ　切り取った長さの合計　のこりの長さ）

ポイント

1「$\frac{5}{8}$L」がやかんに入っているお茶のかさ，「$\frac{3}{8}$L」がポットに入っているお茶のかさです。
①「あわせると」なので，たし算でもとめます。
②「ちがいは」なので，ひき算でもとめます。

2はじめのはり金の長さが「1m」，まさとさんが切り取った長さが「$\frac{2}{7}$m」，としきさんが切り取った長さが「$\frac{4}{7}$m」です。
①「2人あわせて」なので，切り取った2つの長さをたします。
②「のこり」の長さをもとめるので，ひき算をします。

ここがニガテ

答えの分母と分子が等しくなったときは，1と答えます。分母と分子が等しいままにしないようにしましょう。

75 分数のたし算・ひき算 分数のたし算とひき算

▶▶▶本さつ76ページ

1 ① [式] $\frac{7}{10}+\frac{2}{10}=\frac{9}{10}$ [答え] $\frac{9}{10}$ L

（先に入れたかさ　後から入れたかさ　入れたかさの合計）

② [式] $1-\frac{9}{10}=\frac{1}{10}$ [答え] $\frac{1}{10}$ L

（全体のかさ　入れたかさの合計　まだ入るかさ）

2 ① [式] $\frac{1}{5}+\frac{1}{5}=\frac{2}{5}$ [答え] $\frac{2}{5}$ L

（みほさんのかさ　ゆきさんのかさ　飲んだかさの合計）

② [式] $\frac{2}{5}+\frac{3}{5}=1$ [答え] 1L

（飲んだかさの合計　のこりのかさ　はじめのかさ）

ここがニガテ

わかりにくいときは，場面を図にかいて考えます。

1では，

2では，

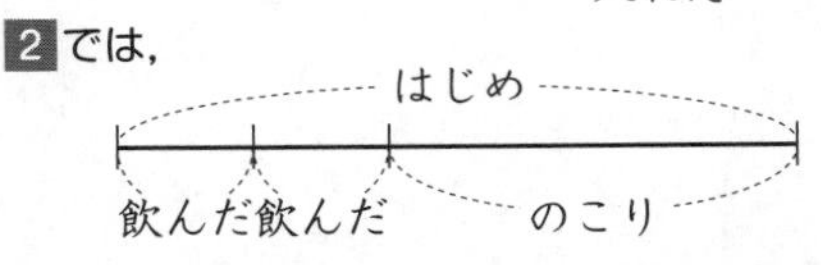

76 分数のたし算・ひき算のまとめ 勝ったのはどちら？

本さつ77ページ

77 時こくと時間 時こくと時間のもとめ方 りかい

本さつ78ページ

1 出た時こく　7時50分

かかった時間　30分　[答え] 8時20分

2 10時30分

ポイント

2 11時10分の40分前の時こくをもとめます。11時10分の10分前は11時です。11時からさらに30分前の時こくを考えましょう。

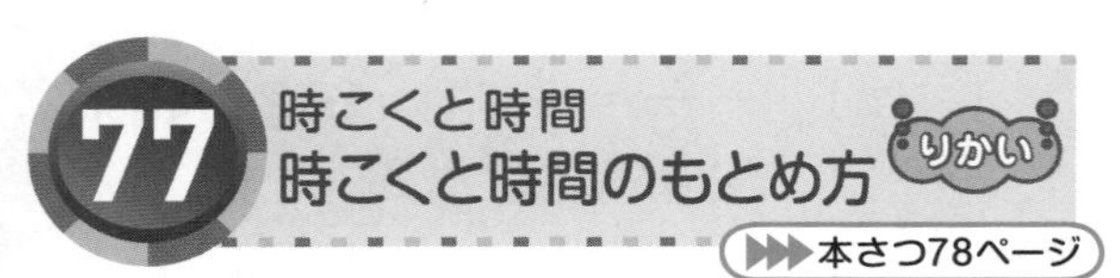

78 時こくと時間 時こくと時間のもとめ方 りかい

本さつ79ページ

1 [式] 108（まさしさんの時間） − 95（みきさんの時間） ＝ 13（時間のちがい）

[答え] まさしさんが13秒長い

2 [答え] 50分

3 [式] 50（午前の時間） ＋ 30（午後の時間） ＝ 80（あわせた時間(分)）

80分＝1時間20分

[答え] 1時間20分

ポイント

図をかいて考えましょう。

2

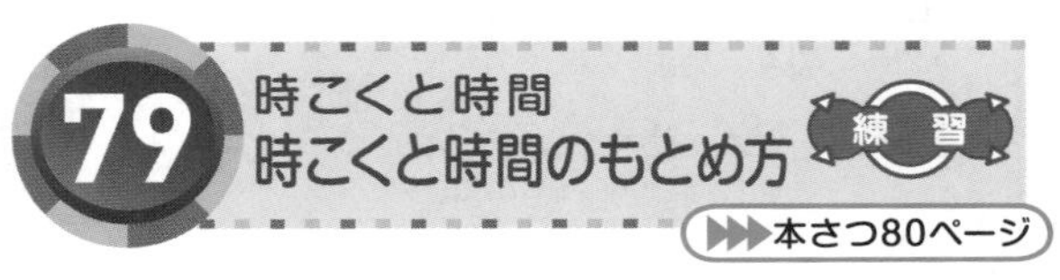

79 時こくと時間 時こくと時間のもとめ方 練習

本さつ80ページ

1 午前10時30分　**2** 午前7時45分

3 1時間25分　**4** 5時間20分

ポイント

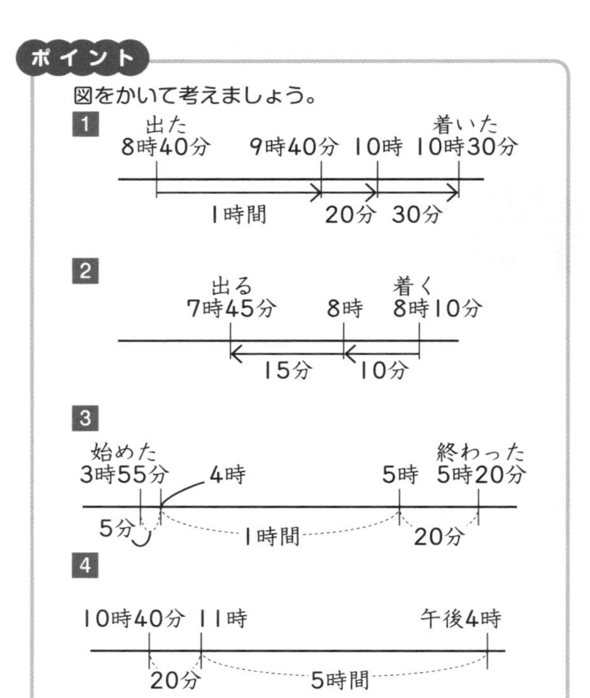

80 時こくと時間 時こくと時間のもとめ方

▶▶▶本さつ81ページ

1 [式] 1時間45分＋35分＝2時間20分
電車の時間　バスの時間　あわせた時間
[答え] 2時間20分

2 [式] 110－80＝30
たけしさんの時間
かよさんの時間　時間のちがい
[答え] かよさんが30秒多い

3 [式] 18＋2＝20　[答え] 20分
行きよりも多くかかった時間
行きの時間　帰りの時間

4 [式] 15＋90＋20＝125
125分＝2時間5分　[答え] 2時間5分

ポイント

1「あわせて」なので，たし算でもとめます。
2 かよさんの110秒のほうがたけしさんの80秒より長いことをたしかめてから，ひき算をします。
3「18分」が行きにかかった時間，「2分」が帰りにかかった時間のうち，行きより多くかかった時間になります。帰りにかかった時間は，行きにかかった時間に，多くかかった時間をたしてもとめます。
4 図に表すと，次のようになります。

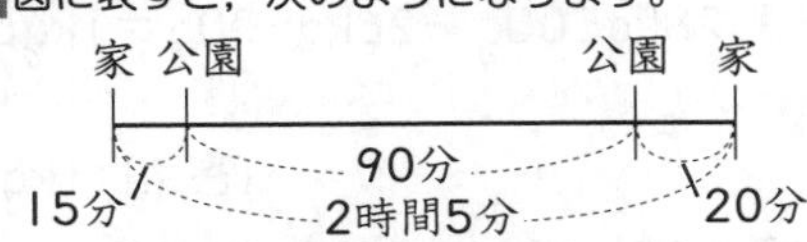

それぞれの時間をたすと，家を出てからもどるまでの時間がわかります。

ここが ニガテ

答えるときのたんいに気をつけましょう。
1時間＝60分，1分＝60秒

81 長さ 長さのもとめ方

▶▶▶本さつ82ページ

1 家からポストまでの道のり　600
ポストから学校までの道のり　750
家から学校までの道のり　1350
[答え] 1350m

2 [式] 1km400m－500m＝900m
家から駅までの道のり　家から本屋までの道のり　本屋から駅までの道のり
[答え] 900m

82 長さ 長さのもとめ方

▶▶▶本さつ83ページ

1 [式] 2km－680m＝1km320m
全体の道のり　歩いた道のり　のこりの道のり
[答え] 1km320m

2 [式] 850m＋200m＝1050m
家から公園までの道のり　公園から交番までの道のり　あわせた道のり
1050m＝1km50m
[答え] 1050m，1km50m

3 [式] 3km－2km300m＝700m
全体の長さ　走った長さ　のこりの長さ
[答え] 700m

ポイント

ひき算で，mどうしでひけないときは，1kmを1000mにしてから計算します。たとえば，**3** では，3km＝2km1000mとして，同じたんいどうしを計算します。

83 長さ 長さのもとめ方

▶▶▶本さつ84ページ

1 [式] 700m＋800m＝1500m
きのう歩いた道のり　今日歩いた道のり　あわせた道のり
[答え] 1500m

2 [式] 2km＝2000m
お兄さんが走った道のり
2000m－1200m＝800m
お兄さんが走った道のり　たけるさんが走った道のり　道のりのちがい
[答え] お兄さんが800m長い

3 ① [式] 840m＋2km360m＝3km200m
駅から交番までの道のり　交番から図書館までの道のり　駅から図書館までの道のり
[答え] 3km200m

② [式] 2km360m－840m＝1km520m
交番から図書館までの道のり　交番から駅までの道のり　道のりのちがい
[答え] 1km520m

ポイント

2つのたんいで表されているときは，同じたんいどうしを計算します。また，「何km何m」で答えるのか，「何m」で答えるのか，たしかめましょう。
1km＝1000m

84 長さ 長さのもとめ方

▶▶▶本さつ85ページ

1 [式] 2km160m－920m＝1km240m
（家から学校までの道のり／家からポストまでの道のり／ポストから学校までの道のり）
[答え] 1km240m

2 [式] 5km－1km700m＝3km300m
（家から海までの道のり／のこりの道のり／走った道のり）
[答え] 3km300m

3 ① [式] 600m＋900m＝1500m
（駅から学校までの道のり／学校から家までの道のり／駅から家までの道のり）
1500m＝1km500m
[答え] 1km500m

② [式] 1km500m－1km200m＝300m
（駅から家までの道のり／家から図書館までの道のり／道のりのちがい）
[答え] 300m

ポイント

1 「920m」が家からポストまでの道のり，「2km160m」が家から学校までの道のりです。2km160m から920m をひくと，ポストから学校までの道のりがもとめられます。
2 「5km」が家から海までの道のり，「1km700m」が海までののこりの道のりになります。5km から1km700m をひくと，走った道のりがもとめられます。
3 「600m」が駅から学校までの道のり，「900m」が学校から家までの道のり，「1km200m」が家から図書館までの道のりです。3つの道のりが出てくるので，どの道のりとどの道のりをたすのか，ひくのか，文章をよく読みとりましょう。

85 重さ 重さのもとめ方

▶▶▶本さつ86ページ

1 かごの重さ　200　りんごの重さ　700
全体の重さ　900　[答え] 900g

2 [式] 54kg－50kg＝4kg　[答え] 4kg
（お母さんと赤ちゃんの体重をあわせた重さ／お母さんの体重／赤ちゃんの体重）

86 重さ 重さのもとめ方

▶▶▶本さつ87ページ

1 [式] 1kg－150g＝850g　[答え] 850g
（はじめの重さ／使った重さ／のこりの重さ）

2 [式] 6kg200g＋1kg600g＝7kg800g
（去年の体重／ふえた重さ／今の体重）
[答え] 7kg800g

3 [式] 1t－980kg＝20kg　[答え] 20kg
（重いほうの重さ／軽いほうの重さ／重さのちがい）

ポイント

ひき算で，同じたんいどうしでひけないときは，1kg を1000g に，1t を1000kg にしてから計算します。たとえば，**1** では，1kg＝1000g として，g どうしを計算します。

87 重さ 重さのもとめ方

▶▶▶本さつ88ページ

1 [式] 600g＋900g＝1500g
（みかんの重さ／りんごの重さ／あわせた重さ）
[答え] 1500g

2 [式] 28kg500g－26kg900g＝1kg600g
（ひろしさんの体重（重いほう）／ただしさんの体重（軽いほう）／体重のちがい）
[答え] 1kg600g

3 [式] 800g＋1kg250g＝2kg50g
（かばんの重さ／本の重さ／全体の重さ）
[答え] 2kg50g

4 [式] 1kg60g－250g＝810g
（入れ物とさとうをあわせた重さ／入れ物の重さ／さとうの重さ）
[答え] 810g

ポイント

ひき算で，同じたんいどうしでひけないときは，1kg を1000g にしてから計算します。たとえば，**2** では，28kg500g＝27kg1500g として，同じたんいどうしを計算します。

ここが ニガテ

たんいをなおすときには，まちがえないように気をつけましょう。たとえば，**3** や **4** では，

3 800g＋1kg250g＝1kg1050g
＝2kg 50g
（0を消します。）

4 1kg60g－250g＝1060g－250g
（0をつけます。）
＝810g

88 重さ 重さのもとめ方

▶▶▶本さつ89ページ

1 [式] 10kg－8kg320g＝1kg680g
買った重さ　のこりの重さ　食べた重さ
[答え] 1kg680g

2 [式] 30kg－4kg800g＝25kg200g
としおさんの体重(重いほう)　体重のちがい　弟の体重(軽いほう)
[答え] 25kg200g

3 [式] 2t－1t300kg＝700kg
つめる重さ　これまでにつんだ重さ　これからつむことのできる重さ
[答え] 700kg

4 [式] 350g×6＝2100g
かんづめ1こ分の重さ　こ数　かんづめ6こ分の重さ
2100g＋200g＝2300g
かんづめ6こ分の重さ　箱の重さ　全体の重さ
2300g＝2kg300g [答え] 2kg300g

ポイント

3 図に表して考えましょう。

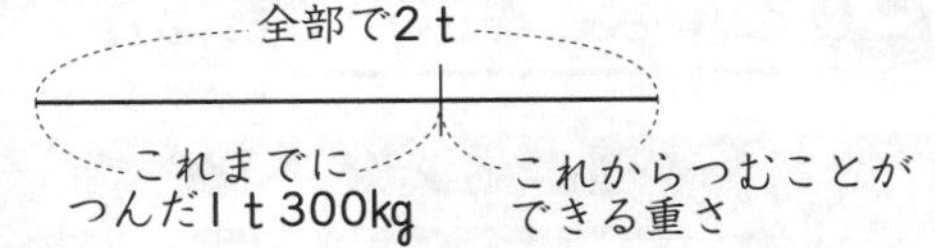

これからつむことができる重さは，つめる重さ「2t」から，これまでにつんだ重さ「1t300kg」をひいてもとめます。
4 はじめにかんづめ6こ分の重さをもとめてから，箱の重さとあわせて，全体の重さをもとめます。

89 □を使った式 □を使ったたし算・ひき算の式

りかい

▶▶▶本さつ90ページ

1 ① はじめの人数　23　みんなの人数　30
② みんなの人数　30　はじめの人数　23
答え　7

2 ① □　＋　16　＝　65
はじめの数　もらった数　全部の数
② □　＝　65　－　16　＝　49
全部の数　もらった数　はじめの数

ポイント

「たされる数」や「たす数」は，ひき算でもとめられます。
れい
1 23＋□＝30
□＝30－23
＝7
2 □＋16＝65
□＝65－16
＝49

90 □を使った式 □を使ったたし算・ひき算の式

りかい

▶▶▶本さつ91ページ

1 ① 使った数　23　のこりの数　56
② のこりの数　56　使った数　23
答え　79

2 ① 34　－　□　＝　28
はじめの数　食べた数　のこりの数
② □　＝　34　－　28　＝　6
はじめの数　のこりの数　食べた数

ポイント

「ひかれる数」はたし算で，「ひく数」はひき算でもとめられます。
れい
1 □－23＝56
□＝56＋23
＝79
2 34－□＝28
□＝34－28
＝6

▶▶▶本さつ92ページ

1 ① かごの重さ ＋ りんごの重さ ＝ 全体の重さ
② [式] 200＋□＝800
□＝800－200
＝600　[答え] 600

2 ① 出したお金 － 本のねだん ＝ おつり
② [式] 1000－□＝320
□＝1000－320
＝680　[答え] 680

ポイント

1 「200g」がかごの重さ，「800g」が全体の重さです。りんごの重さがわからないので，りんごの重さを□として，式に表します。りんごの重さは「たす数」なので，□はひき算でもとめられます。
2 「1000円」が出したお金，「320円」がおつりになります。本のねだんがわからないので，本のねだんを□として，式に表します。本のねだんは「ひく数」なので，□はひき算でもとめます。

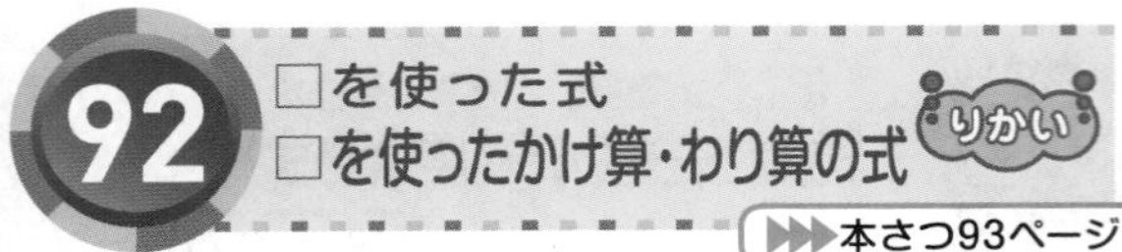

本さつ93ページ

1 ① ふくろの数　5　全部の数　30

② 全部の数　30　ふくろの数　5

答え　6

2 ① 4 × □ ＝ 36
（1きゃく分の人数　長いすの数　全部の人数）

② □ ＝ 36 ÷ 4 ＝ 9
（全部の人数　1きゃく分の人数　長いすの数）

ポイント

「かけられる数」や「かける数」は，わり算でもとめられます。

れい

1 □×5＝30
□＝30÷5
＝6

2 4×□＝36
□＝36÷4
＝9

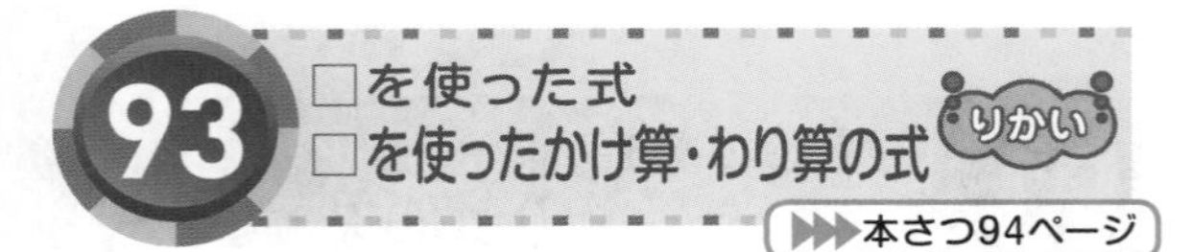

本さつ94ページ

1 ① 全部の数　35　1人分の数　7

② 全部の数　35　1人分の数　7

答え　5

2 ① □ ÷ 4 ＝ 8
（はじめにあった画用紙の数　人数　1人分の数）

② □ ＝ 8 × 4 ＝ 32
（1人分の数　人数　はじめにあった画用紙の数）

ポイント

「わる数」はわり算で，「わられる数」はかけ算でもとめられます。

れい

1 35÷□＝7
□＝35÷7
＝5

2 □÷4＝8
□＝8×4
＝32

本さつ95ページ

1 ① 1まいのねだん × まい数 ＝ 代金

② ［式］ □×4＝80
□＝80÷4
＝20　　［答え］20

2 ① 全体の長さ ÷ 本数 ＝ 1本分の長さ

② ［式］ 18÷□＝3
□＝18÷3
＝6　　［答え］6

ポイント

1 「4まい」が買った画用紙のまい数，「80円」が代金です。1まいのねだんがわからないので，1まいのねだんを□として，式に表します。1まいのねだんは「かけられる数」なので，□はわり算でもとめます。

2 「18m」がテープ全体の長さ，「3m」が分けたあとの1本分のテープの長さになります。分けた本数がわからないので，本数を□として，式に表します。本数は「わる数」なので，□はわり算でもとめます。

本さつ96ページ